シリーズ21世紀の農学

動物・微生物の遺伝子工学研究

日本農学会編

養賢堂

目　次

はじめに ………………………………………………………… iii

第1章　コンビナトリアル生合成によるフラボノイドの発酵生産 ……… 1
第2章　難分解性物質の微生物分解と組換え微生物の環境浄化への利用 ・25
第3章　微生物における遺伝子組換え研究の意義と直面する問題 ……41
第4章　遺伝子組換えカイコの作出法の開発と利用 ………………… 57
第5章　単離生殖細胞からの魚類個体の作出：
　　　　細胞を介した遺伝子導入技法の樹立をめざして ……………77
第6章　エピジェネティクス，新たな動物遺伝子工学のパラダイム …… 97
第7章　デザイナー・ピッグの基礎医学研究への応用 ……………… 129

シンポジウムの概要 ……………………………………………… 149
著者プロフィール ………………………………………………… 155

はじめに
（シンポジウム開催にあたって）

鈴 木 昭 憲
日本農学会会長

　農学というと，一般的に農業に直接関係する学問のみを意味すると誤解されがちですが，それは狭義の農学です．日本農学会は，農学を，人類の生存と発展を目標に，生物の生産，保存，食料の加工，貯蔵，流通などに関する自然科学と社会科学の基礎から応用まで幅広い分野を包含する総合科学として考えております．即ち，私たちが考える農学とは，狭義の農学，林学，水産学，獣医学はもとより，広く生物生産，生物環境，バイオテクノロジーなどにかかわる基礎から応用にいたる学問全般のことをいいます．21世紀においては，農林水産業のみならず，すべての産業が地球環境および資源の有限性を視野にいれた資源循環型の社会をめざさなければならず，それは日本農学会の農学の理念そのものでありますが，農学の役割はきわめて大きなものがあります．

　ところで，組換えDNA技術やクローン技術などを中心とした遺伝子工学は，前世紀末に見いだされた画期的な技術であります．それらは，将来の人類の食糧確保，健康増進や地球環境の改善などに幅広く役立つ画期的なテクノロジーを開拓しているとの期待が寄せられている一方で，その意義や安全性について社会の理解が十分に得られていない分野でもあります．それらは，最先端の生命科学，生物科学の成果を基盤としており，一般市民はもとより，農学研究者の間でも，遺伝子工学研究の多岐にわたる成果に関して最新の情報を共有しそれらを理解することは容易ではありません．遺伝子工学等の最先端の生命科学，生物工学に関して，専門家と非専門家・一般市民との間に存在し相互理解を妨げている障壁を取り除くことは，日本農学会の重

要な責務であると考えております．

　その趣旨から，平成17年度には，作物の遺伝子組換えに関する現状についてシンポジウムを開催いたしました．平成18年は，その続編として，「動物・微生物における遺伝子工学研究の現状と展望」と題して，微生物・動物・昆虫の遺伝子工学の専門家に，それぞれ遺伝子組換え技術やクローン技術など実例とその背景の理論を，それぞれ実際に研究を実施している研究者より紹介していただくとともに，それら技術の将来展望を語っていただきました．また，社会的に関心の高い，遺伝子工学技術を使って作られる微生物や動物の安全性や社会的な諸問題についてもとりあげました．

　本書は，シンポジウムの発表や討論から，微生物・動物・昆虫などの遺伝子工学に関する現状をできるだけ平易にまとめたもので，読者の皆様のこれらの問題に対する理解を，一層深めていただけるものと期待しております．

第1章
コンビナトリアル生合成による
フラボノイドの発酵生産

堀之内 末治*・勝山 陽平・鮒 信学
東京大学大学院農学生命科学研究科

1. はじめに

(1) フラボノイド

　フラボノイドは高等植物特有の二次代謝産物であり，今日までに 5,000 種類以上の分子種が単離同定されている．図1.1にフラボノイドの基本骨格と代表的なフラボノイドの構造を示す．フラボノイドは，植物の生体内で，花弁色素，花粉の受粉，発芽誘導，根粒形成の誘導，フィトアレキシン，紫外線への防御など重要な役割を担っている．また，抗酸化活性，抗炎症活性，抗ガン活性，抗真菌活性，抗ウィルス活性やエストロゲン様活性など人体に対しても多様な生理活性を持つことが報告されている（Dixon and Steele, 1999 ;

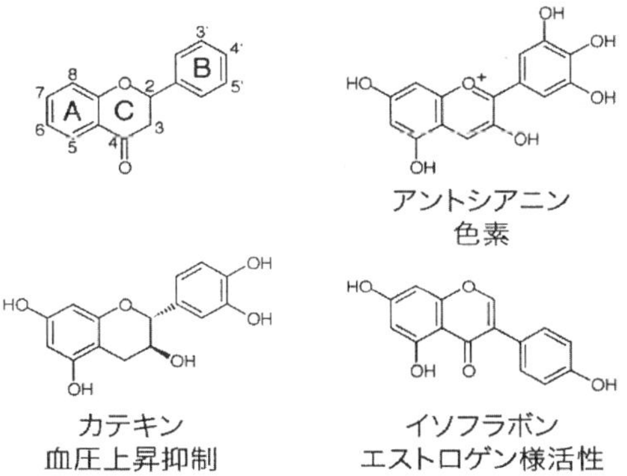

図1.1　フラボノイドの基本骨格（左上）と代表的なフラボノイド

---

* 平成18年度日本農学会シンポジウム「動物・微生物における遺伝子工学研究の現状と展望」講演者

Yao *et al.*, 2004 ; Middeleton *et al.*, 2000). 以上のような魅力的な活性のため，フラボノイドには，ガン，更年期障害，心血管障害を始めとするさまざまな疾病の予防効果や老化抑制効果が期待されており，近年大きな注目を集めている．

しかしながら，フラボノイドは植物体内において極微量成分であり，種々の分子種の混合物として存在するため，植物体内からの安価な大量調製が困難である場合が多い．また，その構造の複雑さから有機合成も容易ではない．そのため，医薬品としての有用性が認識されながら，実用に至っていない化合物が数多く存在する．われわれは，このような未開拓資源に光を当てるために，微生物による大量かつ高純度なフラボノイドの生産を画策した．微生物を利用するメリットは，コスト，スケール，効率にあり，この点において植物からの抽出を凌ぐと予想できる．また，後に詳しく述べるが，発酵技術やDNA操作技術が確立している微生物を用いたフラボノイド生産系を応用することで，自然界には存在しない「非天然型フラボノイド」の生産が可能になる．

（2）ポリケタイド

ポリケタイドとは酢酸を基本単位とする化合物群の総称であり，微生物から高等植物に至るまで幅広い生物種に分布している．ポリケタイドには高い生物活性を有する物が多く，免疫抑制剤FK506のように医薬品として実用化されている例も数多く存在する．ポリケタイドはポリケタイド合成酵素と呼ばれる一連の酵素群により生合成される．ポリケタイド合成酵素は，スターター基質とよばれるCoAエステルに数分子の伸長鎖基質（主にマロニル-CoA）の縮合を触媒し，ポリケトメチレン鎖を合成する．続いてポリケトメチレン鎖が還元，環化，芳香化されることで多様な構造を有するポリケタイドに導かれる（図1.2）．ポリケタイド合成酵素にはスターター基質特異性，伸長鎖基質特異性，伸長鎖基質の縮合回数，還元，環化，芳香化の様式が異なるさまざまな分子種が存在する．このようなポリケタイド合成酵素の多様性がポリケタイド化合物群の構造多様性を生み出している（Walsh,

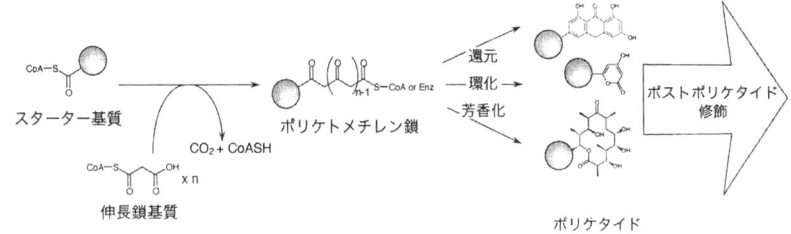

図1.2 ポリケタイド生合成

2002)．これらのポリケタイドがポストポリケタイド修飾酵素群によって酸化や糖化などの修飾を受けることで，さらに多様なポリケタイドが生合成される．また，ポリケタイド合成酵素，ポストポリケタイド修飾酵素の多くは基質特異性が寛容であることが知られている．これらの性質から，後に述べるコンビナトリアル生合成を用いた新規化合物生産系のツールとして，ポリケタイド合成酵素は高い注目を集めている．

　ポリケタイド合成酵素は，I～III型の3種に分類される（Shen, 2003）．I型ポリケタイド合成酵素は，モジュールとよばれる独立した機能を持つドメインが複数連なって存在する長大なタンパク質である．そのためモジュール型ともよばれることもある．II型ポリケタイド合成酵素はサブユニット型であり，異なる機能を持った複数のタンパク質の複合体である（Walsh, 2002）．一方，III型ポリケタイド合成酵素は，単一のサブユニットからなる小さなホモダイマーのタンパク質である（Austin and Noel, 2003）．III型ポリケタイド合成酵素は，長大かつ複雑なI, II型に比べ，生化学および遺伝子工学上扱いやすく，コンビナトリアル生合成の魅力的なツールの1つであると考えられる．また，興味深いことに，III型ポリケタイド合成酵素は生物活性の高い物質を与えることが多く，フラボノイドやスチルベンなどの植物ポリケタイドもIII型ポリケタイド合成酵素により合成される．以上のような魅力的な性質を持つにもかかわらず，III型ポリケタイド合成酵素を用いたコンビナトリアル生合成に関する研究はこれまで存在しなかった．本研究は，III型ポリケタイド合成酵素を用いたコンビナトリアル生合成による非天然型の植物ポ

リケタイドの微生物生産について述べる．

(3) コンビナトリアル生合成 (combinatorial biosynthesis)

近年，MRSAなどの多剤耐性菌の出現や，高齢化や食の国際化に伴う疾病構造の転換により，従来とは作用機構の全く異なる新規医薬品の開発が望まれている．一方，天然から新たに単離される新規化合物は年々減少の一途を辿っており，従来のスクリーニングに代わる新規物質創出系の確立が急務となっている．そのような時代背景の中，コンビナトリアル生合成は次世代型新規物質創出系として大きな注目を集めている．

コンビナトリアル生合成と対をなす技術として，コンビナトリアル化学合成 (combinatorial chemistry) がある．コンビナトリアル化学合成とは「さまざまなビルディングブロックを網羅的に組み合わせることで (combinatorial)，多様な化合物群 (library) を一挙に合成する技術」である（図1.3）．この技術を用いることで10万種類もの化合物を短時間で合成することが可能になり，医薬品資源の創出，最適化の強力な武器となっている．ところが，

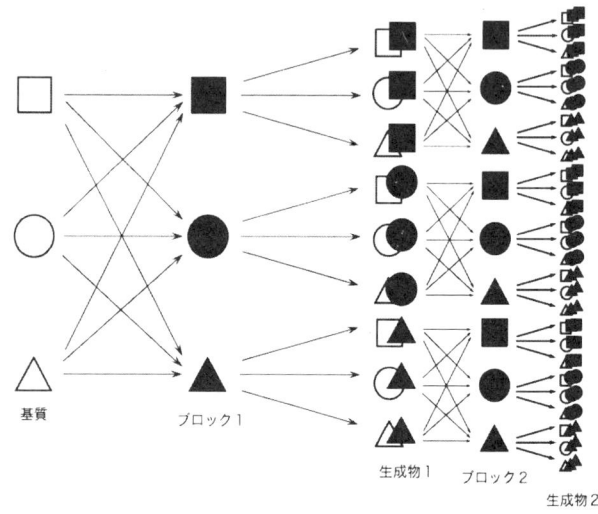

図1.3　コンビナトリアル化学合成の模式図

1 コンビナトリアル生合成によるフラボノイドの発酵生産　　5

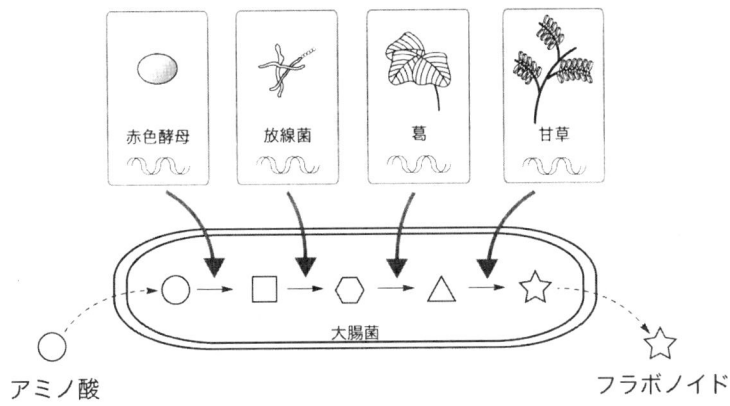

図1.4　コンビナトリアル生合成の模式図

このコンビナトリアル化学合成にもいくつかの問題点が指摘されている．まず，既存の化合物と大きく構造の異なる化合物を合成することが困難である点が挙げられる．また，基質ごとの反応性・効率のばらつきから副生成物の生成を抑えることが出来ない．このことから多段階反応においては最終生成物の純度が確保しにくくなる．さらには，現在の化学合成技術では合成困難な化合物が数多く存在する．有機溶媒や廃棄物による環境負荷も無視できない点である．

　これに対し，コンビナトリアル生合成（combinatorial biosynthesis）は「既存の生合成経路を遺伝子工学的パスウェイ工学手法により改変し，新たな生合成経路を人為的に構築することで『非天然型』の化合物を生産する手法」である（Floss, 2006, Walsh, 2002）．たとえば，図1.4に示すように，さまざまな生物の遺伝子を大腸菌内で共発現させることで，これまで存在しなかった新規化合物を大腸菌に生産させることが可能になる．このような技術はコンビナトリアル生合成の代表的な手法である．

　コンビナトリアル生合成の実現には，多様な生合成酵素ライブラリーの存在とそれら酵素の詳細な機能の情報が必要不可欠である．近年，ゲノムプロジェクトの推進のため新規酵素の取得が容易になったこともあり，酵素の生

化学的な知見が急速に蓄積されつつある．種々のファミリー酵素において，X線結晶構造解析による触媒機構の解明も急ピッチで進行しており，コンビナトリアル生合成による物質生産は現実味を帯びてきた．実際，Kennedy らは，I型ポリケタイド合成酵素である 6-deoxyerythronolids B synthase を改変し，さまざまな非天然型ポリケタイドの生産に成功している（Kennedy et al., 2003）．コンビナトリアル生合成は，コンビナトリアル化学合成と比較し複雑な骨格を形成することが可能である．酵素は高い選択性を有し，反応部位を厳密に認識するため副産物の生成を低く抑えることができる．また，反応溶媒が水系であることが多く，環境負荷の小さい次世代型の物質生産系である．コンビナトリアル生合成は，今後を大きく発展する可能性を秘めている新手法である．

2．フラボノイドの微生物生産

（1） フラボノイドの生合成経路

フラボノイドの生合成経路を図 1.5 に示す（Schijlen, 2004）．シキミ酸経路由来のフェニルアラニン（phenylalanine）は，phenylalanine ammonia-lyase（PAL）による脱アミノ化反応でシナモン酸（cinnamic acid）に変換される．続いて，シトクロム P450 酵素である cinnamate 4-hydroxylase（C4H）により p-クマル酸（p-coumaric acid）に酸化され，さらに 4-coumarate:CoA ligase（4CL）により p-クマロイル-CoA（p-coumaroyl-CoA）へと変換される．生成した p-クマロイル-CoA は chalcone synthase（CHS）のスターター基質となり，フラボノイドの鍵中間体，ナリンゲニンカルコン（naringenin chalcone）が生成される．ナリンゲニンカルコンは chalcone isomerase（CHI）により立体選択的に異性化され，フラバノン（flavanone）である（2S）-ナリンゲニン（naringenin）が生成する．なお，ナリンゲニンカルコンは CHI の非存在下でも非酵素的に異性化し，ラセミ体の（2RS）-ナリンゲニンを生成する．

（2S）-フラバノンはフラボノイド生合成における最も重要な中間体であり，（2S）-フラバノンが後の修飾酵素群によって多様なフラボノイドへと変

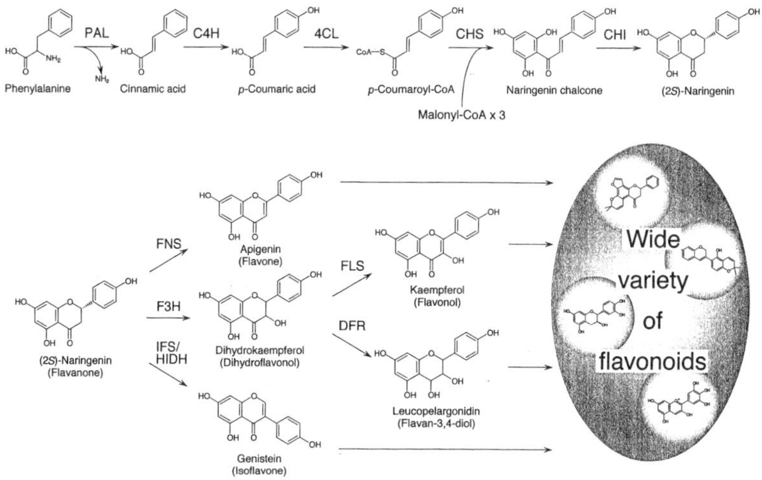

図1.5 植物体内におけるフラボノイドの生合成経路

換される（図1.5）．一方，（2R）-フラバノンは後の修飾酵素群の基質とならないことが知られている．たとえばフラボン（flavone），ジヒドロフラボノール（dihydroflavonol），フラバン-4-オール（flavan-4-ol），フラボノール（flavonol），イソフラボン（isoflavone）などは，全てこの（2S）-フラバノンより分岐生成される（図1.5）．アントシアニンやカテキンなどの代表的なフラボノイドもその例にもれない．そこでわれわれはまず（2S）-フラバノンの大腸菌を用いた微生物生産を目指した．

（2）人工生合成遺伝子クラスターによるフラバノンの生産
　前述のフラボノイド生合成酵素の中で，C4Hは真核生物型シトクロムP450酵素であるため，大腸菌内で機能的発現が困難であった．そこでわれわれは，基質特異性が寛容な赤色酵母（*Rhodotorula rubra*）由来のPALを用いることでチロシン（tyrosine）から*p*-クマル酸を生成し，C4Hの反応を迂回してナリンゲニンの生産を行った（図1.5）．赤色酵母由来PAL，放線菌（*Streptomyces coelicolor*）由来の4CLであるScCCL，甘草（*Glycyrrhiza*

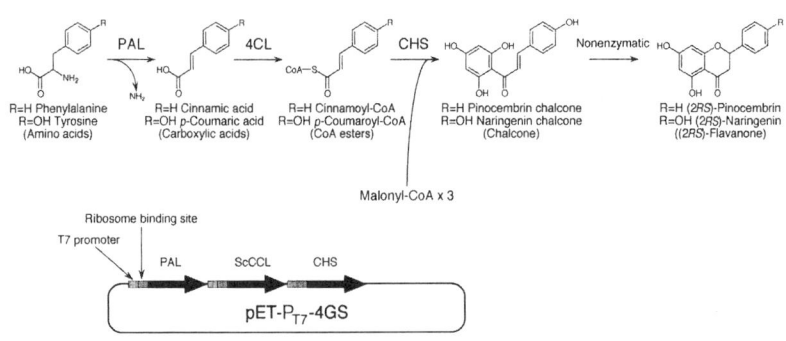

図 1.6　人工生合成遺伝子クラスターによるフラバノンの生産

echinata) 植物由来 CHS の各遺伝子の上流に T7 RNA ポリメラーゼプロモーター (T7 promoter) およびリボソーム結合配列 (ribosome-binding site) を配置し,これらを直列に連結することでカルコン合成プラスミド, pET-P_{T7}-3GS を構築した (図 1.6). カルコンは非酵素的に異性化しフラバノンを生成するため, pET-P_{T7}-3GS を保持した大腸菌はチロシンからフラバノンを生産すると予想できる. pET-P_{T7}-3GS を大腸菌 BL21 (DE3) 株に導入し,前培養後, 20 g/l のグルコースと 2 mM のチロシン (362 mg/l) を添加した最小培地で 60 時間培養した. その結果, 0.45 mg/l の (2*RS*)-ナリンゲニンの生産に成功した. また,本生産系で用いた酵素群はいずれも基質特異性が寛容であった. チロシンの代わりに 2 mM のフェニルアラニン (330 mg/l) を投与した場合も同様の反応が進行し, 0.75 mg/l の (2*RS*)-ピノセンブリンの生成に成功した (Hwang, 2003).

　以上のように,われわれは二種類のフラバノンの生産に成功した. しかしながらこれらはラセミ体であり,フラバノン修飾酵素の多くは (2*S*)-フラバノンのみを基質とすることから,コンビナトリアル生合成によるフラバノンの下流のフラボノイドの生産への影響が懸念された. そこで,カルコンを立体特異的に異性化し, (2*S*)-フラバノンを生成する chalcone isomerase (CHI) を本生産系に導入した (図 1.7). T7 RNA ポリメラーゼプロモーターおよびリボソーム結合配列を上流に配置したクズ由来 CHI を pET-P_{T7}

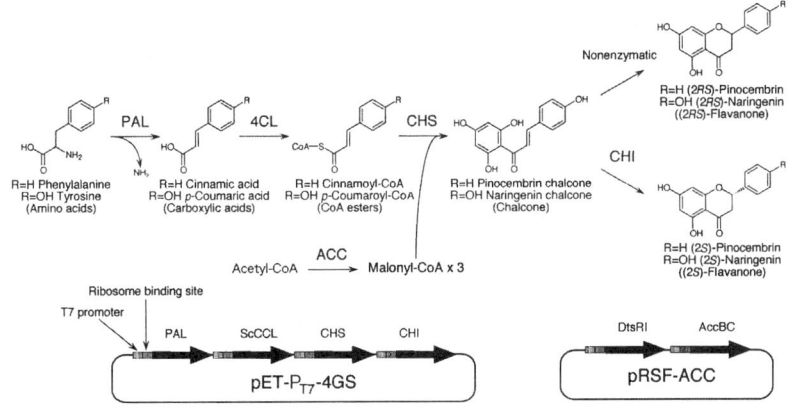

図1.7 CHI, ACCの導入による光学純度および収量の改善

-3 GS に付加し pET-P_{T7}-4 GS を構築した．なお，pET-P_{T7}-4 GS は4つのT7 RNA ポリメラーゼプロモーター，リボソーム結合配列を持つため，相同組換えによる遺伝子の欠損が起こりやすいと予想された．そこで大腸菌 BL 21 (DE 3) 株の recA 欠損株である大腸菌 BLR (DE 3) 株に pET-P_{T7}-4 GS を導入した．得られた組換え大腸菌を以前と同様に2 mM のチロシンまたはフェニルアラニンを添加した最小培地で培養した．その結果，チロシンを添加した場合は 0.31 mg/l の (2S)-ナリンゲニン，フェニルアラニンを添加した場合は 0.17 mg/l の (2S)-ピノセンブリンをそれぞれ約 70 %ee の光学純度で生産できた (Miyahisa et al., 2005)．なお，ナリンゲニンは水溶液中で容易にラセミ化するため，本系において光学純度は 100 % に届かない．

以上ように，約 70 %ee の高い光学純度で (2S)-フラバノンの生産に成功したが，生成したフラバノンの量は投与したアミノ酸に対しきわめて少なかった．そこで，以下に示す2つの方法で (2S)-フラバノンの収量の改善を行った．

まず，CHS の基質の1つであるマロニル-CoA (malonyl-CoA) に着目した (図1.7)．マロニル-CoA は脂肪酸合成に用いられる重要な一次代謝物である．そのため，その濃度は生体内できわめて厳密な制御を受けており，常

に低く抑えられていることが知られている．以上から，マロニル-CoA の濃度が (2S)-フラバノン生合成の律速になっている可能性が示唆された．またこの制御は，アセチル-CoA (acetyl-CoA) からマロニル-CoA を生成する acetyl-CoA carboxylase (ACC) が転写抑制や活性阻害をなどの負の制御を受けることによる．このことから大腸菌の ACC を発現することで菌体内マロニル-CoA 濃度を増加させることは困難であると予想された．そこで大腸菌と脂肪酸合成系が異なるコリネ型細菌 *Corynebacterium glutamicum* 由来の ACC を用いてマロニル-CoA 濃度の増大を試みた．*C. glutamicum* の脂肪酸合成酵素はI型であり，II型である大腸菌のものとは制御機構が異なる．そのため，*C. glutamicum* の ACC は，大腸菌生体内で負の制御を受けにくいと考えられる．*C. glutamicum* の ACC のサブユニットである *accBC*, *dtsR1* の上流にそれぞれ T7 RNA ポリメラーゼプロモーターおよびリボソーム結合配列を配置し，pET-P_{T7}-4 GS とは複製起点の異なるプラスミドにクローニングすることで pRSF-ACC を構築した．pRSF-ACC，pET-P_{T7}-4 GS を保持した大腸菌 BLR (DE3) 株を前述の方法と同様に培養したところ，2 mM のチロシンから 1.01 mg/l の (2S)-ナリンゲニンが，2 mM のフェニルアラニンから 0.71 mg/l の (2S)-ピノセンブリンの生産に成功した．以上のようにわれわれは，*C. glutamicum* 由来の ACC を用いることで収量を以前の約4倍へと改善することに成功した (図 1.7)．

次に収量のさらなる改善を目指し，培養条件の検討を行なった．さまざまな培養時間，菌体濃度，培地条件で (2S)-フラバノンの生産を行ない，収量を比較した．その結果，以下に述べる培養条件で最も高い収量を示した．IPTG 誘導後，菌体を濃縮し 3 mM チロシン (543 mg/l) もしくはフェニルアラニン (495 mg/l)，40 g/l のグルコースを添加した最小培地 (20 ml) に 50 g/l の湿潤菌体を植菌し，26℃で 36 時間培養した．その結果，チロシンを添加した場合，57 mg/l の (2S)-ナリンゲニンの，フェニルアラニンを添加した場合，58 mg/l の (2S)-ピノセンブリンの生産にそれぞれ成功した．また，得られた (2S)-ナリンゲニンの光学純度を測定したところ 70%ee であった．菌体はほとんどバッファーとも言える最少培地を用いているため，培

地からの余分な混ざりものがなく生成が容易である．本培養条件下では菌体の増殖は確認できなかったが，培地中のグルコースは常に消費されていた．今後，グルコースや基質となるチロシン，フェニルアラニンの連続的投与や，代謝経路の改変により，さらなる収量の増加が可能であると考えられる（Miyahisa *et al.*, 2005）．

（3）フラボン，フラボノールの生産

これまで述べてきたとおり，大腸菌の代謝経路の改変や培地条件の改善によって，(2*S*)-フラバノンの微生物生産に成功した．(2*S*)-フラバノンは，さまざまな修飾酵素によって修飾されることで，多様なフラボノイドへと変換される．そこで，前述の生産系に新たにフラバノン修飾酵素群を導入することで，代表的なフラボノイドであるフラボン（flavone），フラボノール（flavonol）の生産を試みた．パセリ（*Petroselinum crispum*）由来の flavone synthase I（FNS I）をフラバノン生産系に導入することでフラボンの生産を試みた（図 1.8）．FNS I 遺伝子の上流に T7 RNA ポリメラーゼプロモーターおよびリボソーム結合配列を付加し，pACYC-FNS I を構築した．pACYC-FNS I を pET-P_{T7}-4 GS，pRSF-ACC とともに BLR（DE3）株に導入した．得られた形質転換体をチロシンまたはフェニルアラニンを添加した最小培地で 36 時間培養した．その結果，3 mM のチロシンを添加した場合 13.0 mg/*l* のアピゲニン（apigenin）が，フェニルアラニンを添加した場合 9.4 mg/*l* のクリシン（chrysin）がそれぞれ得られた（図 1.8）（Miyahisa *et al.*, 2006）．なお，本反応において培地中にフラバノンの残存は確認されず，ほぼすべてのフラバノンがフラボンに変換されていることがわかった．

続いて，温州みかん（*Citrus unshiu*）由来の flavanone 3-hydroxylase（F3H），flavonol synthase（FLS）を用いてジヒドロフラボノールおよびフラボノールの生産を試みた．F3H は，(2*S*)-フラバノンの C 環の 3 位に水酸基を導入することでジヒドロフラボノールを生成する．生成したジヒドロフラボノール（dihydroflavonol）は，FLS によって酸化されフラボノールへと変換される（図 1.8）．われわれはジヒドロフラボノールおよびフラボノールの

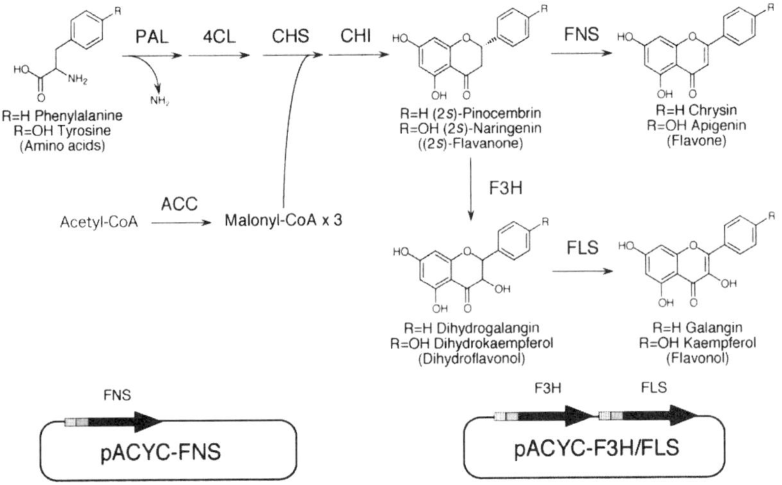

図1.8 フラボン,フラボノールの生産系

生産を目指し,F3H, FLSの上流にT7 RNAポリメラーゼプロモーター,リボソーム結合配列を付加し,pACYC-F3HおよびpACYC-F3H/FLSをそれぞれ構築した.pACYC-F3H/FLSをpET-P_{T7}-4GS, pRSF-ACCとともに大腸菌BLR (DE3)株に導入し,上記と同様の方法でフラボノールの生産を行なった.その結果,3 mMのチロシンから15.1 mg/lのケンフェロール(kaempferol)が,3 mMのフェニルアラニンから1.1 mg/lのガランギン(galangin)が生成した(図1.8).また,チロシンを添加した場合,ナリンゲニンはほぼすべてケンフェロールへと変換されていたが,フェニルアラニンを投与した場合は,ガランギンの前駆体となるピノセンブリンが大量に残存していた.これまでF3H, FLSの基質特異性に関する研究はほとんどないが,本結果はピノセンブリンよりもナリンゲニンのほうがF3H, FLSに適した基質であることを示している.一方,pACYC-F3HをpET-P_{T7}-4GS, pRSF-ACCとともに大腸菌BLR (DE3)株に導入し同様にジヒドロフラボノールの生産を試みたところ,ジヒドロフラボノールの生産は確認で

きなかった．また，ジヒドロフラボノールの前駆体であるフラバノンも検出されなかった．詳細は不明であるが，おそらく生成したジヒドロフラボノールが大腸菌の内在性の酵素によって代謝されてしまった可能性もある．

3．非天然型ポリケタイドのコンビナトリアル生合成

（1）コンビナトリアル生合成法による非天然型ポリケタイドの生産

以上のようにわれわれは，天然型フラバノン，フラボン，フラボノールの生産に成功した．以下，この生産系をさらに発展させた「非天然型」フラボノイドの生産について述べる．図1.9に示すように，マルチプラスミド法（Hertweck, 2000）を用いた大腸菌発現系および前駆体依存的生合成（precursor-directed biosynthesis）を組み合わせることで非天然型フラボノイド，スチルベンの生産を試みた．

マルチプラスミド法とは，複数のタンパク質の同時強制発現を複数のプラスミドベクターを用いて行なう手法である．異なる複製起点および薬剤耐性

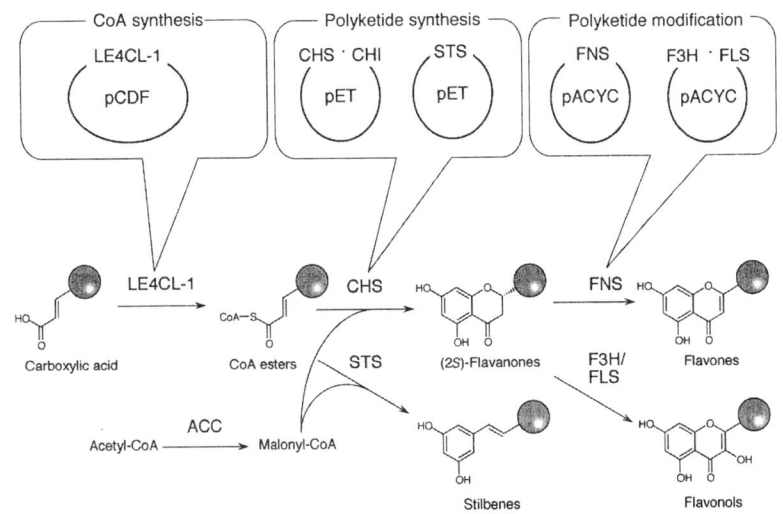

図1.9 非天然型ポリケタイド生合成系

マーカーを有するプラスミドは，同一の菌体内に安定に保持され共存することができる．この性質を利用し，4種のプラスミドからなるマルチプラスミド法により最大8種のタンパク質の同時強制発現を可能にしている．Precursor-directed biosynthesis は，基質特異性が寛容な生合成酵素を発現した微生物にその初発反応の基質アナログを投与することで，基質アナログの構造が反映された生成物アナログを生産する手法である．初発反応の基質アナログが本来の基質と同様に反応し，後発反応が中間体のアナログを正確に認識するかが鍵となる．ポリケタイド合成酵素は一般に基質特異性が低く，コンビナトリアル生合成法において precursor-directed biosynthesis は分子多様性を与える有効な手段である．

　われわれは，フラボノイド生合成を基質 CoA 体の合成，ポリケタイド合成，ポリケタイド修飾の3つの段階に分け，それぞれを異なる複製起点を持つベクターにクローニングした．これにより各生合成段階から選択した酵素を容易に組み合わせることが可能になり，多様な生合成経路を簡便かつ迅速に構築することが可能になる．基質 CoA 体の合成酵素としてムラサキ (*Lithospermum erythrorhizon*) 由来の CoA ligase, LE 4 CL-1 を，ポリケタイド合成酵素として CHS, CHI とピーナッツ (*Arachis hypogaea*) 由来の stilbene synthase (STS) を，ポリケタイド修飾酵素として FNS と F 3 H, FLS を用いた．また，大腸菌内のマロニル-CoA を増大させ，ポリケタイド生成反応を円滑にするために ACC を用いた．これらの遺伝子の上流にそれぞれ T7 RNA ポリメラーゼプロモーター，リボソーム結合配列を配置しベクターにクローニングすることで pCDF-LE 4 CL-1, pET-CHS-CHI, pET-STS, pACYC-FNS, pACYC-F 3 H/FLS, pRSF-ACC を構築した．これらベクターの種々の組み合わせを強制同時発現することで，フラバノン，フラボン，フラボノール，スチルベンのいずれかを生産する4種類の大腸菌の形質転換体を得た．これらに図1.9に丸で示した部分に構造多様性を持つクマル酸アナログを投与することにより，同様に丸の部分に構造多様性を持つ非天然型フラバノン，フラボン，フラボノール，スチルベンの生産を行なった．

(2) 非天然型フラバノンの生産

4CL，CHS，CHIを保持する大腸菌 BLR（DE3）株にさまざまなクマル酸アナログを投与し非天然型（2S）-フラバノンの生産を行なった．前述と同様に，1mMのクマル酸アナログ，40 g/l のグルコースを添加した最少培地に50 g/lの湿潤菌体を植菌し，26℃で60時間培養した．その結果，天然型5種，非天然型9種のフラバノンの生産に成功した（図1.10）．B環のフェニル基にフッ素が1もしくは2分子導入されたもの，あるいはB環自体が，フラン，チオフェンやナフタレン環に置き換わった非天然型フラバノンの生産が確認された（図1.10）．また，同時に一部の基質では副産物としてトリケタイドパイロンの生成を確認することができた．得られた非天然型フラバノンの中から代表数種を選び出しそれぞれ収量を測定したところ，平均45〜100 mg/l であった．この収量は天然型の（2S）-フラバノンのそれに匹敵し，本生産系が非天然型フラボノイドの生産に有効であることを示している．

(3) 非天然型フラボン，フラボノールの生産

続いて，ポリケタイド修飾酵素である FNS および F3H，FLS を大腸菌に導入することで非天然型フラボン，フラボノールの生産を行なった．フラボ

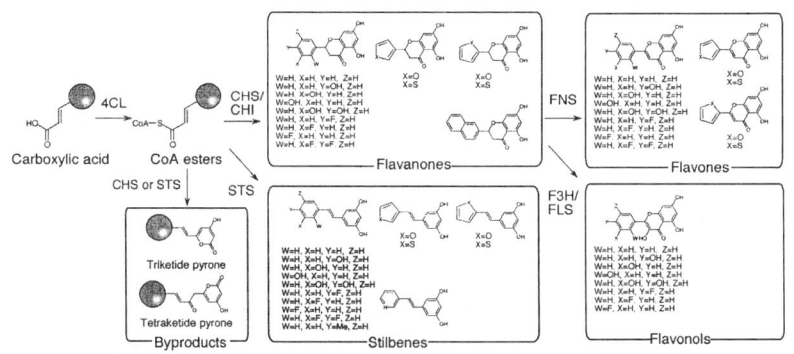

図1.10　生産されたポリケタイド

ンまたはフラボノールを生産する大腸菌 BLR (DE 3) 株を，それぞれ前述の方法で培養した．その結果，天然型 5 種，非天然型 7 種のフラボンおよび天然型 5 種非天然型 3 種のフラボノールの生成に成功し（図 1.10)，前述のフラバノンのうち 1 種を除く全てがフラボンへと変換されていた．これに対し，フラボノールは，B 環がベンゼン環以外のものは反応が進行しなかった（図 1.10）．また，フラボンは天然型，非天然型ともにフラバノンと同等の収量を誇っていたが，フラボノールの収量はフラバノンに比べ低かった．これは F 3 H の基質特異性が厳密であるためだと予想できる．

（4） 非天然型スチルベンの生産

以上の非天然型ポリケタイドの生産系は，CHS 以外のポリケタイド合成酵素にも適用できるのだろうか？そこで，stilbene synthase (STS) を用いて非天然型スチルベンの生産を試みた．スチルベンはフラボノイドと同様，多様な生理活性を持つ化合物群であり (Baur, 2006)，その生合成酵素である STS は CHS と同様に III 型ポリケタイド合成酵素ファミリーの 1 種である (Austin and Noel, 2003)．CHS と STS は同一の基質を用い，伸長鎖基質の縮合回数も同じであるが，環化反応の様式が異なるためそれぞれカルコンとスチルベンを与える（図 1.9)．4 CL, LE 4 CL-1, STS, ACC を保持した大腸菌 BLR (DE 3) 株を用いて前述と同様の実験を行なった．その結果，天然型 5 種，非天然型 10 種のスチルベンの生産に成功した（図 1.10)．ベンゼン環にフッ素が 1 または 2 分子，あるいはメチル基が導入されたもの，また，ベンゼン環がフラン，チオフェンやピリジン環に置き換わった非天然型スチルベンが生産された（図 1.10)．また，副産物としてトリケタイドパイロン，テトラケタイドパイロンの生成を確認することができた（図 1.10)．これらのスチルベンの収量はフラバノンに劣らないものであった．以上の結果から，本生産系は CHS 以外のポリケタイド合成酵素にも有効であり，本生産系の汎用性が高いことを示している．図 1.10 に以上の反応をまとめる．

(5) 非天然型ポリケタイドの活性

このように生産された非天然型ポリケタイドの生理活性に興味が持たれた．フラボノイドは数多くの生理活性を持つが，われわれはその中の1つであるCYP1B1阻害活性に着目した（Chaudhary and Willett, 2005；Chun and Kim, 2003）．CYP1B1は，細胞内でガン因子の生成を触媒すると考えられている酵素である．また，ガン細胞内で過剰発現していることが知られており，その阻害はガン治療のための興味深いターゲットである（Chun and Kim, 2003）．われわれは生成した非天然型ポリケタイドから数種を選び出し，CYP1B1阻害活性を試験した．その結果，これらすべてにCYP1B1阻害活性が見られ，非天然型ポリケタイドの多くに天然型同様，多様な生理活性が期待できる．

4. 出芽酵母を宿主としたイソフラボンの生産

(1) イソフラボンとその生合成

イソフラボノイドはマメ科植物に特有のフラボノイドであり，抗菌，抗酸化活性を持ち，また，共生細菌による根粒の形成を誘導することが知られている．また，近年の研究から，更年期障害および骨粗鬆症の予防効果や美肌効果を持つことが知られており，医薬，食品，化粧品の分野で大きな注目を集めている（Dixon and Ferreira, 2002）．種々のイソフラボノイドの前駆体であるイソフラボンも前述のフラボン，フラボノール同様（2S）-フラバノンより生合成される．イソフラボンの生合成の鍵酵素である 2-hydroxyisoflavanone synthase（IFS）は（2S）-フラバノンのB環を2位から3位に転移させる反応を触媒し，2, 5, 7, 4'-テトラヒドロキシイソフラバノン（2, 5, 7, 4'-tetrahydroxyisoflavanone）を生合成する．2, 5, 7, 4'-テトラヒドロキシイソフラバノンは，酵素的または非酵素的に脱水されることでイソフラボンの一種であるゲニステイン（genistein）が生合成される（Akashi et al., 1999）．

IFSは，ミクロソーム型のシトクロムP450酵素であり，膜結合タンパク質であるため，大腸菌内で活性型として発現させることは困難である（Jung et al., 2000）．また，ミクロソーム型シトクロムP450酵素は真核生物に特

有のものであり，補酵素として原核微生物には存在しない電子伝達系を必要とする．以上の理由から，大腸菌を宿主としたイソフラボン生産系の確立は困難であることが予想された．そこでわれわれは，真核生物のモデル生物である出芽酵母 (*Saccharomyces cerevisiae*) に着目した．出芽酵母ではこれまでに多くのシトクロム P450 に関する研究がなされており，タンパク質過剰発現系や形質転換系が十分整備されている．また，内在性のミクロソーム型シトクロム P450 を持っているため，IFS を活性型として発現させることが出来る (Akashi *et al*., 1999)．さらに内在性の電子伝達系を用いて IFS の本来の電子伝達系を代用できる．以上から，出芽酵母はイソフラボンの生産に適した宿主であると考えられる．

（2）出芽酵母を宿主としたイソフラボンの生産

まず，CHS，CHI および甘草由来の IFS を出芽酵母内で同時発現し *p*-クマロイル-NAC (*p*-coumaroyl-*N*-acetylcysteamine) を投与することでゲニステインの生産を試みた．*p*-クマロイル-NAC は *p*-クマロイル-CoA のアナログであり，CHS の基質となることが示されている (Oguro *et al*., 2004)．また，CoA 体と異なり細胞膜を透過することが知られている．そのため，CHS，CHI を保持した出芽酵母の細胞外部から *p*-クマロイル-NAC を投与することで (2*S*)-フラバノンが生合成されると考えられる．また，IFS の生成物，2,5,7,4'-テトラヒドロキシイソフラバノンは酸性条件下で非酵素的に脱水し，ゲニステインへと変換される．以上から，CHS，CHI，IFS を同時発現した出芽酵母に *p*-クマロイル-NAC を投与することでゲニステインが生産されると考えられる（図 1.11）．

CHS，CHI，IFS の上流にそれぞれガラクトース誘導型プロモーターを配置し，ベクター pESC-Ura-CHS/CHI，pESC-Trp-IFS を構築した．これらのベクターを出芽酵母 BJ2168 株に導入した．形質転換体を SD 培地で前培養した後，SG 培地に植菌しガラクトース誘導により発現を行なった．得られた菌体を新鮮な SG 培地に再植菌し，*p*-クマロイル-NAC を 1 mM 投与したのち 26℃で 48 時間培養を行なった．その結果，約 340 μg/l のゲニス

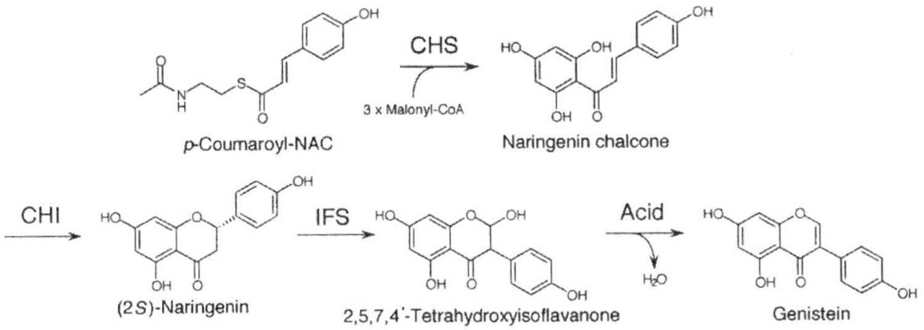

図1.11 酵母を宿主としたイソフラボンの生産

テインの生産を確認した(図1.11)(Katsuyama *et al.*, 2007).なお,ゲニステインの前駆体である(2*S*)-ナリンゲニンが培地中に多量に残存していた.この原因を明らかにするために,pESC-Ura-CHS-CHIのみを保持した酵母に*p*-クマロイル-NACを投与することで(2*S*)-ナリンゲニンの生産を行い,その光学純度を測定した.その結果,得られた(2*S*)-ナリンゲニンの光学純度は低いものであった.IFSは(2*S*)-ナリンゲニンのみを基質とし,(2*R*)-ナリンゲニンは基質として受け入れないことが知られている.以上から(2*S*)-ナリンゲニンの光学純度の低さがゲニステインの低収量の原因であると予想された.そこでわれわれは以下に述べる生産系を用い,この点を克服することで収量の増大を目指した.

(3) 大腸菌と出芽酵母の共培養によるイソフラボンの生産

　前述のとおり大腸菌を宿主とすることで高光学純度の(2*S*)-ナリンゲニンの生産に成功している.そこでこの大腸菌における生産系と,IFSを保持した出芽酵母によるゲニステイン生産系を組み合わせることで,チロシンからゲニステインを生産することを試みた.予備的な実験から,ナリンゲニンは大腸菌,出芽酵母の細胞膜を容易に透過することがわかっていた.以上より,大腸菌と出芽酵母を同一フラスコ内で培養することでチロシンからゲニステインが生産されることが予想できた(図1.12).25 g/*l*の(2*S*)-フラバノンを生産する大腸菌,25 g/*l*のIFSを保持した出芽酵母を0.1%のカザミ

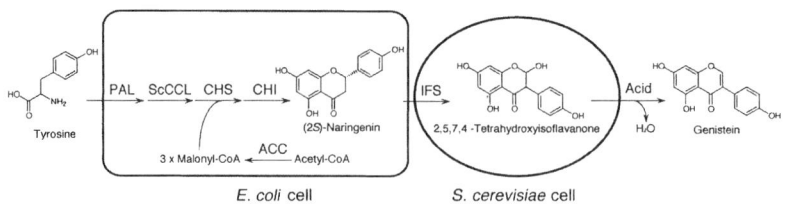

図1.12　酵母と大腸菌の共培養によるイソフラボンの生産

ノ酸および3 mMのチロシンを含むSG培地で60時間培養した．その結果，約6 mg/lのゲニステインの生産が確認された（Katsuyama *et al.*, 2007）．今後，この生産系をさらに発展させることで非天然型イソフラボンの生産が可能になるであろう．

　フラボノイド生合成酵素群にはIFS以外にも数多くのミクロソーム型シトクロムP450酵素が含まれる．これらの酵素群は大腸菌を用いた発現系のみではフラボノイドの生産に用いることができない．前述した大腸菌と酵母の共培養系による生産系を応用することで，これらの酵素群をフラボノイド生産に用いることが可能になると予想できる．したがって，同様なアプローチにより多様なフラボノイドを発酵生産することが可能になると予想できる．

5．今後の展望

　これまで述べてきたとおり，われわれは微生物を宿主とすることで多様な「非天然型」ポリケタイド生産を可能にした．本研究では基質合成酵素としてLE4CL-1，ポリケタイド合成酵素としてCHSとSTS，ポストポリケタイド修飾酵素としてCHI, FNS, F3H, FLS, IFSを用いたが，これらの酵素以外にも本生産系に適用可能な酵素が数多く発見されている．たとえば，基質合成酵素としてfatty acid CoA ligase，ポリケタイド合成酵素としてcoumaroyl triacetic acid synthase，ポリケタイド修飾酵素としてprenyl transferase（Kuzuyama *et al.*, 2005）やflavanone 3' hydroxylase（Otani, 1994）などが挙げられる（図1.13）．これらの酵素群を本生産系に導入することでよ

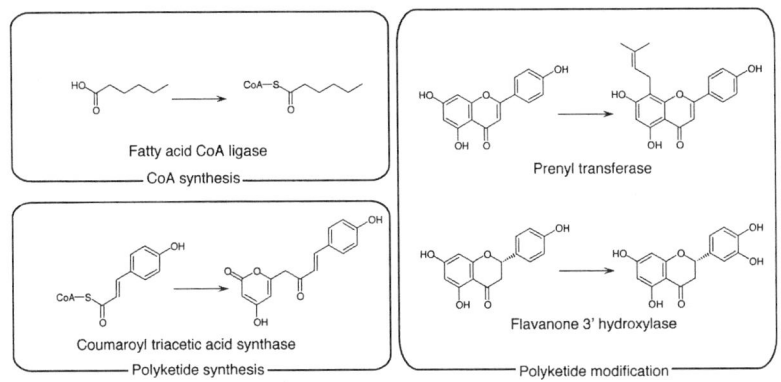

図1.13 今後新たに本生産系に導入可能な酵素群

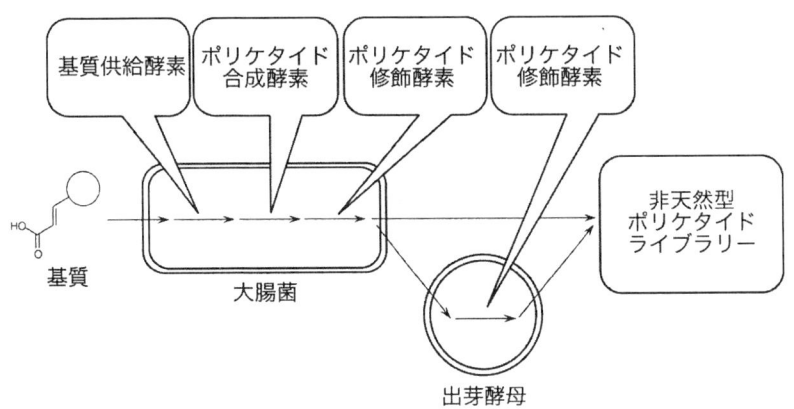

図1.14 非天然型ポリケタイドライブラリーの構築

り多様なポリケタイド生産が可能になるであろう．また，これらの酵素群の中には，大腸菌を用いた発現系ではその威力を発揮できないものもある．そのような酵素は，大腸菌と酵母の共培養系を用いることで非天然型ポリケタイドの生産系に組み込むことが可能になる．さらに，近年急速に進みつつある種々の生物種のゲノム解読により，新規酵素の発見が促進されている．その結果として，今回紹介した生産系をさらに発展させることにつながり，多様な非天然型ポリケタイドライブラリーを構築することができるだろう（図

1.14).

引用文献

Akashi, T., T. Aoki and S. Ayabe 1999. Cloning and functional expression of a cytochrome P450 cDNA encoding 2-hydroxyisoflavanone synthase involved in biosynthesis of the isoflavonoid skeleton in licorice. Plant Physiology 121 : 821-828.

Austin, M. B. and J. P. Noel 2003. The chalcone synthase superfamily of type III polyketide synthase. Natural Product Reports 20 : 79-110.

Baur, J. A. and D. A. Sinclair 2006. Therapeutic potential of resveratrol: the in vivo evidence. Nature Reviews : Drug Discovery 5 : 493-506.

Chaudhary, A. and K. L. Willett 2005. Inhibition of human cytochrome CYP1B1 enzymees by flavonoids of St. John's wort. Toxicology 217 : 194-205.

Chun, Y.-J. and S. Kim 2003. Discovery of cytochrome P450 1B1 inhibitors as new promising anti-cancer agents. Medicinal Research Reviews 23 : 657-668.

Dixon, R. A. and D. Ferreira 2002. Genistein. Phytochemistry 60 : 205-211.

Dixon, R. A. and C. L. Steele 1999. Flavonoids and isoflavonoids - a gold mine for metabolic engineering. Trends in Plant Science 4 : 394-400.

Floss, H. G. 2006. Combinatorial biosynthesis - potential and problems. Journal of Biotechnology 124 : 242-257.

Hertweck, C. 2000. The multiplasmid approach : a new perspective for combinatorial biosynthesis. Chembiochem 1 : 103-106.

Hwang, I. H., M. Kaneko, Y. Ohnishi and S. Horinouchi 2003. Production of plant-specific flavanone by *Escherichia coli* containing an artificial gene cluster. Applied and Environmental Microbiology 69 : 2699-706.

Jung, W., O. Yu, S. M. Lau, D. P. O'Keefe, J. Odell, G. Fader, and B. McGonigle 2000. Identification and expression of isoflavone synthase, the key enzyme for biosynthesis of isoflavones in legumes. Nature Biotechnology 18 : 208-12.

Katsuyama, Y., I. Miyahisa, N. Funa, and S. Horinouchi 2007. One-pot synthesis of genistein from tyrosine by coincubation of genetically engineered *Escherichia coli* and *Saccharomyces cerevisiae* cells. Applied Microbiology and Biotechnology 73：1143-1149.

Kennedy, K., S. Murli and J. T. Kealey 2003. 6-Deoxyerythronolide B analogue production in *Escherichia coli* through metabolic engineering. Biochemistry 42：14342-14348.

Kuzuyama, T., J. P. Noel and S. B. Richard 2005. Structural basis for the promiscuous biosynthetic prenylation of aromatic natural products. Nature 435：983-987.

Middleton, E. Jr., C. Kandaswami and T. C. Theoharides 2000. The effects of plant flavonoids on mammalian cells：implications for inflammation, heart disease, and cancer. Pharmacological Reviews 52：673-751.

Miyahisa, I., M. Kaneko, N. Funa, H. Kawasaki, H. Kojima, Y. Ohnishi and S. Horinouchi 2005. Efficient production of ($2S$) - flavanones by *Escherichia coli* containing an artificial biosynthetic gene cluster. Applied Microbiology and Biotechnology 68：498-504.

Miyahisa, I., N. Funa, Y. Ohnishi, S. Martens, T. Moriguchi and S. Horinouchi 2006. Combinatorial biosynthesis of flavones and flavonols in *Escherichia coli*. Applied Microbiology and Biotechnology 71：53-8.

Oguro, S., T. Akashi, S. Ayabe, H. Noguchi and I. Abe 2004. Probing biosynthesis of plant polyketides with synthetic N- acetylcysteamine thioesters. Biochemical and Biophysical Research Communications 325：561-567

Otani, K., T. Takahashi, T. Furuya and S. Ayabe 1994. Licodione synthase, a cytochrome P450 monooxygenase catalyzing 2- hydroxylation of 5- deoxyflavanone, in cultured *glycyrrhiza echinata* L. cells. Plant Physiology 105：1427-1432.

Schijlen, E. G. W. M., C. H. Ric de Vos, A. J. van Tunen and A. G. Bovy, 2004. Modification of flavonoid biosynthesis in crop plants. Phytochemistry 65：2631-2648.

Shen, B. 2003. Polyketide biosynthesis beyond the type I, II and III polyketide synthase paradigms. Current Opinion in Chemical Biology 7：285-295.

Walsh, C. T. 2002. Combinatorial biosynthesis of antibiotics : challenges and opportunities. Chembiochem 3 : 125-134.

Yao, L., Y. M. Jiang, J. Shi, F. A. Tomás- Barberán, N. Datta, R. Singanusong and S. S. Chen 2004. Flavonoids in food and their health benefits. Plant Foods for Human Nutrition 59 : 113-122.

第2章
難分解性物質の微生物分解と組換え微生物の環境浄化への利用

福田 雅夫
長岡技術科学大学工学部生物系

1. はじめに

　タンカーの事故による海洋や海岸の原油汚染，石油基地のパイプラインの破損による石油汚染，IC工場から漏出したトリクロロエチレンによる地下水汚染，工場跡地に残され六価クロムなどによる重金属汚染，使用禁止となった有害農薬による土壌や作物の残留汚染，焼却場周辺のダイオキシン汚染など環境汚染の事例は枚挙にいとまがない．このような汚染に対処するために平成14年に土壌汚染対策法が施行され，健康被害が危惧される深刻な汚染については具体的な対策の実施が求められるようになった．日本に比べて以前から汚染対策が法律で求められていた欧米では，さまざまな浄化手法が開発・適用されてきた．焼却・固定化・安定化・真空抽出・溶媒抽出・熱脱着などの物理的手法，触媒処理・薬剤処理・紫外線処理などの化学的手法とならんで，微生物や植物を利用する生物学的手法が開発・利用され，バイオレメディエーションとよばれている．

2. 環境浄化への微生物利用の現状

　微生物を利用したバイオレメディエーションは汚染現場の土着微生物を活性化して利用するバイオスティミュレーションと，外部から能力の高い浄化用微生物を導入するバイオオーグメンテーションに大別される．バイオレメディエーションは浄化完了までに長期間を要する欠点はあるが，大がかりな

表 2.1 環境浄化のおもな対象物質の例

1) 一般有機溶媒：ベンゼン，トルエン，キシレン
2) 揮発性有機化合物 (VOC)：トリクロロエチレン（トリクレン），テトラクロロエチレン（パークレン）
3) 石油類　ガソリン，灯油，重油，原油
4) 農薬　シマジン，チオベンカルブ，ディルドリン
5) 有機塩素化合物：PCB，ダイオキシン類
6) 重金属：カドミウム，水銀，6価クロム
7) その他：環境ホルモン（ノニルフェノール），爆薬（TNT），防腐剤（クレオソート）

　装置が不要で低コストである．また汚染物質を分解・無害化して根本的な解決をもたらすことが可能で，汚染現場から汚染物質を抽出したり移動することなく原位置で処理する in situ バイオレメディエーション（原位置処理）手法も開発されている．さらに微生物が備えている基質の取り込み系や微生物の増殖・拡散を利用すれば，低濃度・広範囲の汚染にも適用可能である．

　環境浄化の対象となる汚染物質の例を表 2.1 に示した．一般有機溶媒には化学工業などで溶媒として使用されるベンゼン，トルエン，キシレン，エチルベンゼンなどの芳香族化合物が含まれる．揮発性有機化合物 (VOC) には，IC 産業などの基盤洗浄剤などに汎用されオゾン層の破壊が問題となったトリクロロエチレン（トリクレン，TCE）やドライクリーニングの洗浄剤に汎用されているテトラクロロエチレン（パークレン，PCE），また関連のジクロロエチレンやジクロロエタンなどが含まれる．石油類には油田の破壊やタンカー事故などで汚染が問題となる原油や重油，石油精製工場やガソリンスタンドでの漏出で汚染が生じるガソリンや灯油，ジーゼル油などが含まれる．農薬では使用規制の対象となっている除草剤のシマジンやチオベンカルブなどの他，1970 年代に使用禁止となったディルドリンを始めとするドリン系殺虫剤などが含まれる．ドリン系殺虫剤などの有機塩素系農薬の多くは後述の POPs にリストされており，現在でも汚染により作物が出荷できなくなる事態が生じている．有機塩素化合物には，過去に電源トランスなどの絶縁油やインキ溶剤，不燃油として熱媒体などに用いられ，カネミ油症の原因ともなった PCB（ポリ塩化ビフェニル），毒性が強くカネミ油症の直接原因

となりゴミ焼却場周辺で汚染が問題となったダイオキシン類（塩化ジベンゾパラダイオキシンや塩化ジベンゾフランなど）などの難分解性芳香族化合物が含まれている．重金属では，鉛，ヒ素，6価クロム，水銀，カドミウム，セレンなどの汚染が多く，イネなどでカドミウムの汚染が深刻な影響を与えるケースが見られる．この他に一時マスコミを騒がせたノニルフェノールなどの環境ホルモン類，崩壊したソ連軍が引き上げた東ドイツなどの軍事基地跡地で問題となっているTNTなどの爆薬の汚染，木製の電柱などの防腐剤に使用されたクレオソートの汚染などが対象とされている．

一方，平成16年に発効した「残留性有機汚染物質に関するストックホルム条約（POPs条約）」に基づき積極的に汚染をコントロールすべき物質としてリストされている残留性有機汚染物質（Persistent Organic Pollutants, POPs, 図2.1）については重点的な対応が求められている．POPsには表2.1に示したダイオキシン類やPCB，ドリン系農薬（アルドリン，ディルドリン，エンドリン，クロルデン，ヘプタクロル）の他，DDT，トキサフェン，マイレックス，ヘキサクロルベンゼンなどの農薬が含まれており，いずれも難分解性の有害有機塩素化合物である．多くは1970年代に使用が禁止されたり制限されているが，DDTのように現在も一部の国で使用されているケースも

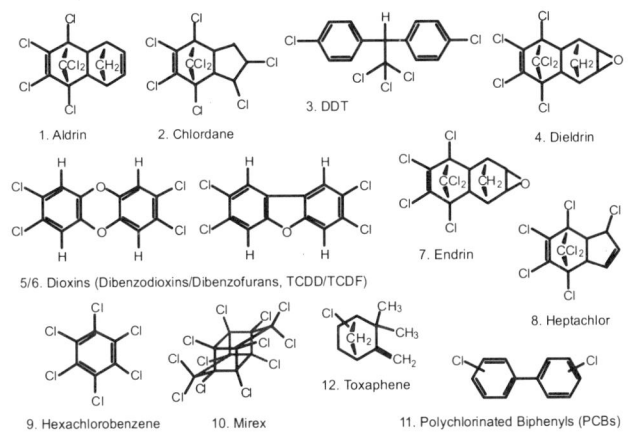

図2.1 ストックホルム条約でリストされている残留性有機汚染物質（POPs）

ある．これらは非常に安定で30年以上も経った現在でも汚染が残っており，作物によっては集積性があるため出荷停止になる事態が生じている．POPsは分解されにくい上に低濃度の汚染が拡がっている場合が多く，組換え体を用いたバイオレメディエーション技術の開発が期待されている．

VOCや一般有機溶媒，石油類については海外だけでなく国内でもバイオレメディエーション技術を用いた実用的処理が進められている．クレオソートやTNT，6価クロムでもバイオレメディエーション技術を活用した処理例があるが，その他の物質の処理にかかわるバイオレメディエーション技術は研究・開発段階にある．

分解にかかわる分解菌については汚染環境などで集積され，分離・解析が行われているが，有機塩素化合物や一般有機化合物，石油類，農薬類，環境ホルモン，爆薬などの酸化的分解においてはグラム陰性細菌に属する*Pseudomonas, Sphingomonas, Methylocystis, Rhodococcus*など，多様な好気性細菌が知られている．重金属に対しては*Pseudomonas*などの還元酵素による安定化・無毒化が知られている．たとえば6価クロムでは3価のクロムに還元することにより不溶化するので，汚染を安定化することができる．水銀では水銀イオンが還元されて無機水銀になれば，水銀蒸気として揮発した水銀を捕集することが可能である．

石油成分の芳香族化合物や一般有機溶媒の酸化的分解（好気的分解）については分解酵素系が詳細に研究されている．図2.2に示すように芳香族化合物の好気的分解では，水酸化モノオキシゲナーゼや水酸化ジオキシゲナーゼによる水酸基の導入と環開裂ジオキシゲナーゼによる芳香環の開裂を経て分解が進行する．オキシゲナーゼは分子状酸素（O_2）を使って基質を酸化するので，分解に酸素が必要になる．またこのような分解酵素系は一般的にそれぞれの分解基質が存在する場合に誘導生産される．石油成分の芳香族化合物や一般有機溶媒の汚染浄化では汚染物質そのものが本来の誘導基質であるので，汚染物質に接した分解菌では酵素が誘導されて高い分解活性を実現でき，分解産物を炭素源・エネルギー源として利用して増殖もできる．一方，PCBでは分解菌のビフェニル分解酵素系により好気的分解されるが，PCB

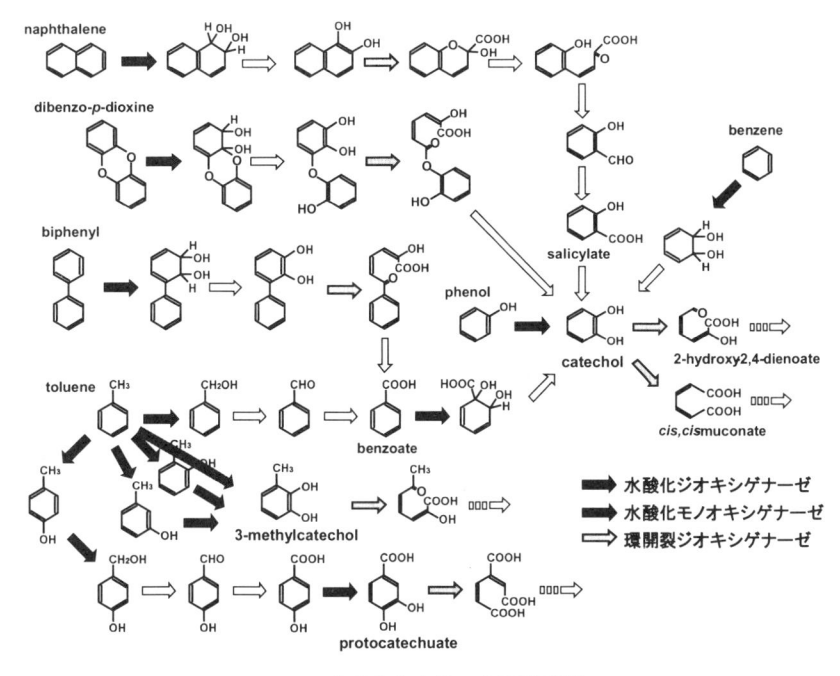

2 難分解性物質の微生物分解と組換え微生物の環境浄化への利用　29

図 2.2　芳香族化合物の分解酵素系

自身には分解酵素系を誘導する活性はない．したがって PCB 分解においては誘導物質としてビフェニルを共存させる必要がある．このように分解酵素系の本来の基質でない物質をついでに分解するケースを共代謝 (cometabolism) とよんでいる．トリクロロエチレンにおいてはメタン資化菌のメタンモノオキシゲナーゼ，トルエン分解菌のトルエンモノオキシゲナーゼやトルエンジオキシゲナーゼ，フェノール分解菌のフェノールモノオキシゲナーゼなどさまざまな水酸化オキシゲナーゼによる共代謝で分解される．これらの分解菌を利用して分解を行う場合には本来の基質であるメタンやトルエンなどを添加すれば，分解酵素を誘導するだけでなく炭素源・エネルギー源として分解菌の増殖と活性化を促進することが期待できる．トリクロロエチレンでは環境負荷の心配がないメタンの添加を行う場合が多いが，財団法人地球環境産業技術研究機構 (RITE) が君津市で行ったバイオオーグメンテーシ

ョンの実証実験ではトルエン分解細菌 *Ralstonia eutropha* KT1株が使用された が，あらかじめトルエンで増殖させてトルエンモノオキシゲナーゼを誘導した分解菌を導入した結果，長期にトリクロロエチレン分解活性が維持されたことが報告されている．

　上述のように好気的条件での分解では酸素分子が十分に存在する環境が必要である．地下の汚染サイトで原位置処理をする場合には，空気や酸素を加圧注入して通気したり，酸素を放出する過酸化水素を導入したりする．さらに分解菌が十分に増殖・活動できるように上述の誘導物質や酸素に加えて窒素やリン酸などの栄養塩類（窒素肥料やリン酸肥料などが使用される）を導入する必要がある．また PCB などの疎水性汚染物質においては土壌中の疎水的な環境に留まっており，分解菌が分布する水分のある親水的な環境には一部しか出てこない場合もある．このような場合には界面活性剤を導入し，親水的な環境に汚染物質を溶かし出して分解を効率的に進めることも可能である．

　酸素のない環境で生息する嫌気性菌による嫌気的分解は分解速度が遅いが，難分解性の有機塩素化合物から塩素を除いて易分解性の低塩素化合物に変換する脱ハロゲン活性で知られている．この活性は有機塩素化合物で汚染された湖沼や河川，湾岸域の水底の底泥（底質）で，難分解性の PCB などの塩素が次第に水素と置換されて低塩素化合物に変化していくことから見出された（Quensen, 1990）．好気的分解でも脱ハロゲンは起こるが，反応基質が限られており，高塩素化合物は分解されにくい傾向にある．一方，嫌気的分解における脱ハロゲンは塩素を還元的に水素と置換する反応で還元的脱ハロゲンとよばれ，基質スペクトルが広く，テトラクロロエチレン（パークレン）や PCB，ヘキサクロロベンゼン，ダイオキシン類など多様な難分解性汚染物質の処理の有望な手段として注目されている．この活性をもつ細菌についてはテトラクロロエチレンの分解で詳しく調べられており，*Dehalospirillum*（Scholz‐Muramatsu, 1995），*Dehalococcoides*（Maymo‐Gatell, 1997）などが報告されている．とくにテトラクロロエチレンの処理における *Dehalococcoides* 属細菌の有効性が認識されており（He, 2003），米国ではこの細菌を用

いたバイオオーグメンテーション用に微生物資材が販売されるに至っている．このような分解菌の還元的脱ハロゲン活性をサポートするため，水素を供給する電子供与体として酢酸やフマル酸を導入することが有効とされている．また嫌気的分解で難分解性有機塩素化合物を脱塩素したのちに，反応産物の易分解性の低塩素化合物を好気的分解で効率的に処理する嫌気-好気プロセスにも期待が寄せられている．

バイオレメディエーションのメリットの1つに原位置処理を挙げたが，地下の地質構造や地下水の流れ，汚染状況の正確な把握が必要とされる技術的な難しさがあり，一般的に汚染土壌を掘り出して処理するケースが多い．掘り出した汚染土壌は，汚染が周囲に拡散しないように配慮して設置された処理施設に運搬して処理される．石油類の汚染では汚染土壌を平面に拡げたり畝（うね）状に盛り上げ，水分や栄養塩類などを配スプリンクラーや配管を通して供給する．空気はトラクターなどで定期的に切り返したり，配管で通気して供給される．揮発性が高いVOCの場合には吸引ポンプを用いて土壌から真空抽出し，活性炭などに吸着・回収して処理される．クレオソートなどでは掘り出した土壌を水に懸濁してスラリー状とし，バイオリアクター（反応槽）に入れて撹拌しながら処理が進められる．このバイオリアクターを用いたスラリー処理は処理系内が均一になり，栄養塩類などや空気の供給，さらには反応温度の制御が適確に行えるので，効率的な処理が期待できる．

原位置処理を行う場合には，通常，バイオスティミュレーションが採用されている．バイオオーグメンテーションは導入微生物の安定性や活性維持に工夫が必要であることや，導入微生物の安全性にかかわる議論もあり，バイオスティミュレーションが優先される傾向にある．好気的酸化分解を利用した原位置処理の具体的なイメージを図2.3に示した．前述のように栄養塩類や酸素（空気など）を供給する必要があるが，地下水位より上の通気層（図左側）では注入した空気によりVOCなどの揮発性汚染物質が拡散しないように吸引脱気して活性炭などで汚染物質を捕集する．酸素や栄養塩類の他に，必要に応じて酵素誘導物質などが注入される．疎水性汚染物質を溶かし出す

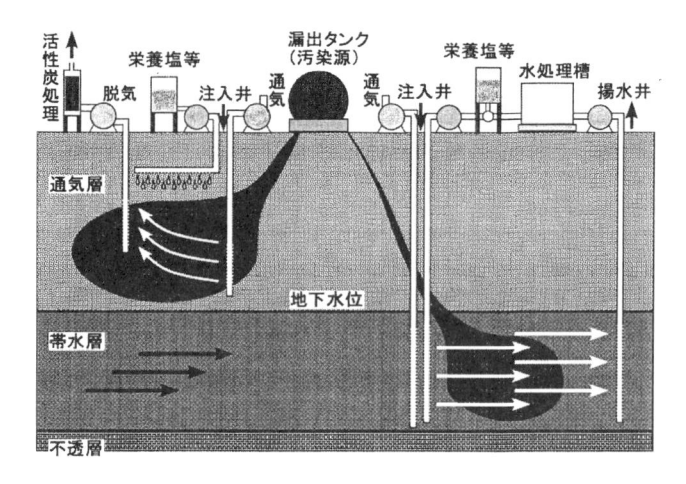

図2.3　地下汚染に対する原位置処理（*in-situ* バイオレメディエーション）

ために界面活性剤を注入する場合もある．このように環境を整えることにより，地下では分解菌が増殖・活性化して分解・浄化が進行することになる．地下水位より下の帯水層（図右側）では地下水の流れを考慮して上流側より酸素や栄養塩類，酵素誘導物質などを注入し，地下水の流れを利用して供給する．酸素の供給源に過酸化水素水を利用することもある．地下水の流れの下流で揚水し，汚染が残っている場合には地上で処理を行う．揚水した水は通常，分解菌が集積しているので，処理後に再注入される．バイオオーグメンテーションを実施する場合には用意した分解菌懸濁液を栄養塩類とともに注入する．

3．環境浄化を目指した組換え微生物の開発と利用

通常の分解細菌では分解しにくい POPs などの難分解性汚染物質の浄化においては，分解能力を強化した組換え体を使用したバイオオーグメンテーションが有力な選択肢として期待されている．しかし組換え微生物を用いたバイオオーグメンテーションの実用的な実施例は，国外を含めて現時点では見当たらないようである．唯一，組換え体を殺菌して使用した農薬汚染事故でのケースが報告されている．1997 年に米国サウスダコタで事故を起こした

図2.4 *Pseudomonas* sp. ADP株のアトラジン分解酵素系

タンクローリーから除草剤のアトラジンが流出して土壌汚染を引き起こした事例である．アトラジンはトウモロコシやサトウキビの雑草除去に使用される双子葉植物に有効な除草剤で，生じた汚染は最高で29,000 ppm，平均で11,500 ppmであった．Wackettのグループ（米国ミネソタ大学）はアトラジン分解菌 *Pseudomonas* sp. ADP株において図2.4に示すようにAtzA・AtzB・AtzCの加水分解酵素（hydrolase）がはたらいてアトラジンの分解が行われることを明らかにしていた（de Souza, 1996）．AtzAをコードするatzA遺伝子を導入した大腸菌 *E. coli*（pMD4）と土着の細菌でアトラジンの分解が進行することを予備実験で確認した彼らは，*E. coli*（pMD4）をグルタルアルデヒドで殺菌し，土壌に接種した．14週間後に汚染は2,000 ppm以下にまで修復されたという（Strong, 2000）．組換え体の野外使用の是非にかかわる議論をさけるため，殺菌した組換え体細胞中に残る酵素活性を利用したものである．

Tiedjeのグループ（米国ミシガン州立大学）はポリ塩化ビフェニル（PCB）の汚染浄化をめざして実用的な組換え体の開発を進めている．好気性細菌によるPCBの酸化的分解は図2.5に示したビフェニル分解酵素系による共代謝（cometabolism）で進行するが，PCBの高塩素置換体では比較的初期のス

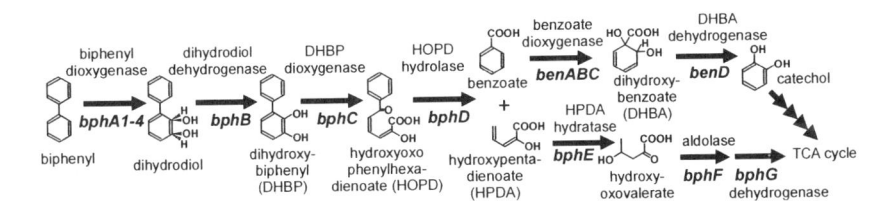

図2.5 ビフェニル分解酵素

テップで分解が止まることが多い．一方，低塩素置換体では安息香酸を生じるステップまで進行して塩化安息香酸を蓄積することが多い．ビフェニル分解酵素系で安息香酸の代謝にかかわる benzoate dioxygenase が塩化安息香酸には無力なためである．彼らは嫌気性細菌による還元的脱塩素に着目し，まず嫌気性細菌を利用して PCB の塩素を除き，次いで低塩素置換体になった PCB を好気性細菌の酸化的分解で完全分解することを計画しており，分解能の強い PCB 分解菌に塩化安息香酸分解遺伝子を導入して塩化安息香酸 (chlorobenzoate, CBA) 分解能を賦与した組換え体を作製している (図2.3)．具体的には *Arthrobacter globiformis* KZT1 株由来の 4-CBA 分解酵素遺伝子 *fcbABC* 遺伝子を PCB 分解菌 *Rhodococcus* sp. RHA1 株に導入して 4-CBA を蓄積しない 4-chlorobiphenyl (4-CB) 分解菌を構築するととともに (図 2.6 A と 2.6 B)，*Pseudomonas aeruginosa* 142 株由来の 2-CBA 分解酵素遺伝子 *ohbAB* 遺伝子を PCB 分解菌 *Comamonas testosteroni* VP44 株に導入して 2-CBA を蓄積しない 2-CB 分解菌を構築した (図 2.6 C)．さらに *ohbAB* 遺伝子を導入した PCB 分解菌 *Burkholderia xenovorans* LB400 株と *fcbABC* 遺伝子を導入した RHA1 株を嫌気的な脱塩素を経た汚染土壌 (河川

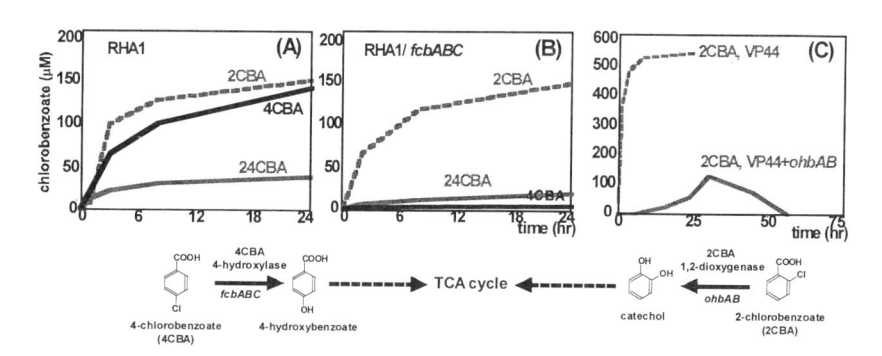

図 2.6　PCB 分解菌 RHA1 株への塩化安息香酸分解酵素遺伝子 *fcbABC* の導入
2-Chlorobiphenyl (CB)，4-CB，2,4-CB を基質として蓄積される 2-chloro-benzoate (CBA)，4-CBA，2,4-CBA (パネル A) の内，4-CBA，2,4-CBA が *fcbABC* の導入により代謝されている (パネル B)．また 2-CB の分解で蓄積される 2-CBA が *ohbAB* の導入により代謝されている (パネル C)．

底泥)に接種し,30日間で5割を越える PCB の除去を達成している(Rodrigues, 2006).

われわれは Tiedje らとは逆に 2-CBA, 3-CBA, 4-CBA を分解できる塩化安息香酸分解菌に RHA1 株の PCB 分解酵素遺伝子群 *bphA1A2A3A4BCD* を導入して,PCB 分解能を賦与することを進めている.RHA1 株は高濃度の PCB に対して分解活性が発揮できない弱点があるが,塩化安息香酸分解菌のもつ PCB 耐性により,高濃度の PCB に対しても強い分解能を発揮する分解菌が完成しつつある.

古川のグループ(九州大)は PCB 分解菌 *Pseudomonas pseudoalcaligenes* KF707 株由来のビフェニルジオキシゲナーゼ遺伝子とトルエン分解菌 *P. putida* F1 株のトルエンジオキシゲナーゼ遺伝子を組み合わせてハイブリッド酵素を構築し,きわめて強力なトリクロロエチレン分解活性をもつ組換え体を作製している(Furukawa, 1994)(図 2.7).また KF707 株と LB400 株のビフェニルジオキシゲナーゼについて遺伝子シャッフリングという手法を用い,さまざまなキメラ酵素を構築し,種々の PCB 成分や芳香族化合物に対して新たな分解活性をもつビフェニルジオキシゲナーゼの開発に成功している(Kumamaru, 1998).

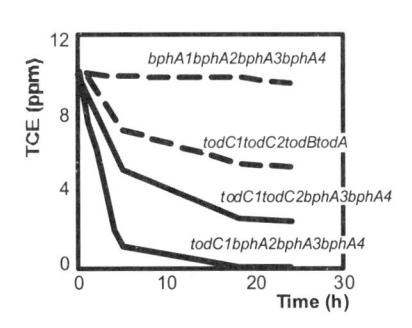

図 2.7 ハイブリッド酵素による組換え体の TCE 分解活性
PCB 分解菌 KF707 株由来のビフェニルジオキシゲナーゼ遺伝子 *bphA1bphA2 bphA3bphA4* とトルエン分解菌 *P. putida* F1 株のトルエンジオキシゲナーゼ遺伝子 *todC1todC2todBtodA* とのハイブリッド *todC1todC2bphA3bphA4* および *todC1bphA2bphA3bphA4* では,とくに後者で非常に強い TCE 分解活性が示された(Furukawa, 1994 より改変)

一方，微生物がアクセスしにくい土壌中の疎水的領域に残留するPCBを分解するのに界面活性剤が効果的であることが知られているが，Saylerのグループ（米国テネシー大）は界面活性剤分解能をもつ細菌にPCB分解酵素系遺伝子を導入し，界面活性剤存在下でPCB分解能を発揮できる組換え体を作製し，界面活性剤を加えたPCB汚染土壌でPCB（25 ppm）の74％と界面活性剤（2,000 ppm）の89％の分解を達成している（Lajoie, 1997）．彼らは汚染土壌にこの組換え体を適用する実験の許可を米国環境保護庁（U.S.-E.P.A.）から得ているという．

4．環境浄化への利用における組換え微生物の安全性

平成10年に改訂された通商産業省（現・経済産業省）の「組換えDNA技術工業化指針」にはバイオレメディエーションにおける微生物の利用を想定した組換え体の開放系利用にかかわる指針が盛り込まれていた．また，組換え体と同じ観点で通常微生物の安全性評価が行えるとし，バイオオーグメンテーションに使用する微生物の安全性確認にも同指針が準用された．この指針において組換え微生物の使用にかかわる安全性評価の要点は以下の項目であり，これらの項目を全て満足することが安全性確認の要件であった．

（1）ヒトや動植物に病原性や有害物質の産生性はないか．
（2）現場において異常増殖しないか，処理終了後に優占化せず減衰するか．
（3）分解経路から予測される分解産物に問題となる有害性はないか．
（4）周辺生物の生態系に問題となる影響を与えないか．
（5）浄化において有意な効果があるか．
（6）接種菌の消長を追跡する有効なモニタリング手法があるか．
（7）導入遺伝子を他の生物に伝達する性質をもたない．

非組換え微生物の安全性確認に準用する場合には項目（1）が使用微生物単独についての評価となり，項目（7）が省略された．

組換え微生物の安全性については，生物の多様性に関する条約のカルタヘナ議定書にもとづいて「遺伝子組換え生物等の使用等の規制による生物の多様性の確保に関する法律」（いわゆるカルタヘナ法）が平成16年に施行され，

この法律のもとで第1種使用～環境中への拡散を防止しないで行う使用などの枠組みで評価されることになった．微生物の第1種使用における評価の項目には，以下に解説する，(1)病原性，(2)有害物質の産生性，(3)他の微生物を減少させる性質，(4)核酸を水平伝達する性質，(5)生態系への影響が予想されるその他の性質が挙げられており，評価書の記載事項には検出および識別の方法が含まれている．

(1) 病原性：宿主菌，導入遺伝子，組換え体のそれぞれについて，ヒトや動植物に対する病原性がないことを文献情報や使用履歴，さらには動物試験も含めて確認する．宿主菌，導入遺伝子，組換え体のそれぞれについて検討が必要となる．

(2) 有害物質の産生性：宿主菌，導入遺伝子，組換え体のそれぞれについて，ヒトや動植物に対して毒性や変異原性，発ガン性などを有する有害な物質の生産性がないことを文献情報や使用履歴，さらには動物試験も含めて確認する．検討が必要となる．

(3) 他の微生物を減少させる性質：導入微生物が異常に増殖して優占化したり，有害な物質を生産して，他の微生物種を減少させる可能性がないか，土壌試験などで検討して確認する．

(4) 核酸を水平伝達する性質：接合伝達性のプラスミドや転移性因子をもっている細菌は，核酸（遺伝子）を他の細菌に容易に水平伝達する性質を有する．組換えDNAの環境中への拡散を媒介する接合伝達性のプラスミドや転移性因子を宿主菌がもっていないか，あるいは組換えDNAに接合伝達を受ける要素がないかを確認する．

(5) 生態系への影響が予想されるその他の性質
  1) 周辺生物の生態系に問題となる影響を与えないかどうかを，処理を実施する現場周辺から指標となる生物を選んで検討する．
  2) 使用する組換え体が現場において異常増殖しないか，処理終了後に優占化することなく減衰するか，土壌試験などで検討して確認する．

(6) 検出および識別の方法
上記の(5)-2)項を検討するため，現場（土壌中）の導入微生物を正確に検

出・識別して特異的に計数できる有効なモニタリング手法を用意する必要がある．

おおむね前述の組換え DNA 技術工業化指針の項目と重なり，組換え微生物の安全性そのものに関わらない「(3) 分解経路から予測される分解産物に問題となる有害性はないか」と「(5) 浄化において有意な効果があるか」を欠いているが，実際にバイオオーグメンテーションを実施する際に要求される項目である．

一方，バイオオーグメンテーションに使用する非組換え微生物の安全性確認については環境庁（現・環境省）が平成 11 年に「微生物を用いた環境浄化の実施に伴う環境影響の防止のための指針」を策定し，異なる指針が並立する状況となっていたが，経済産業省と環境省の関係委員会が合同会合を重ね，両省共同の指針として「微生物によるバイオレメディエーション利用指針」が平成 17 年に策定された (http://www.meti.go.jp/policy/bio/Cartagena/bairemekaisetsu.pdf)．導入する栄養塩類や誘導物質による汚染などの影響に配慮する項目が加えられているが，おおむね前述の組換え DNA 技術工業化指針の項目と重なるものである．

5．おわりに

微生物を使用したバイオオーグメンテーションを実施する際には周辺住民の理解が必要である．「遺伝子組換えは悪」とする絶対反対の議論が考慮される余地はないが，良識をもった一般住民に理解が得られるリスクの評価と説明が求められる．

一方，バイオオーグメンテーションでの使用を目指す組換え体の多くは，環境中の微生物の分解遺伝子の組み合わせで作製されている．すでに述べたように自然環境中では接合伝達性プラスミドや接合伝達性転移因子による接合伝達などにより，遺伝子の水平伝達が起こることが認められている．実際，自然環境からは接合伝達能を有する分解系プラスミドが多数分離されている．したがって組換え分解菌と同様の組み合わせが自然界で生じる可能性が十分にあり，組換え分解菌を全く異質の新生物としてイメージするのは妥

当でない.少なくとも自然環境で存在し得る遺伝子構成をもった組換え分解菌については,自然環境でも存在し得るものとしてイメージすることが可能である.世の中には組換え体を全て悪者にする向きもあり,組換え作物の栽培などでわが国は非常に厳しい現状にあるが,組換え体の安全性をきちんと確認した上で適切に使用できる環境整備が望まれる.

引用文献

de Souza, M.L., M.J. Sadowsky, L.P. Wackett 1996. Atrazine chlorohydrolase from *Pseudomonas* sp. strain ADP : gene sequence, enzyme purification, and protein characterization. J. Bacteriol. 178 : 4894-4900

Furukawa K., J. Hirose, S. Hayashida, K. Nakamura 1994. Efficient degradation of trichloroethylene by a hybrid aromatic ring dioxygenase. J. Bacteriol. 176 : 2121-2123

He, J., K.M. Ritalahti, M.R. Aiello, and F.E. Löffler 2003. Complete detoxification of vinyl chloride (VC) by an anaerobic enrichment culture and identification of the reductively dechlorinating population as a *Dehalococcoides* population. Appl. Environ. Microbiol. 69 : 996-1003.

Kumamaru T., H. Suenaga, M. Mitsuoka, T. Watanabe, K. Furukawa 1998. Enhanced degradation of polychlorinated biphenyls by directed evolution of biphenyl dioxygenase. Nat. Biotechnol. 16 : 663-666

Lajoie, C.A., A.C. Layton, J.P. Easter, F.M. Menn, G.S. Sayler 1997. Degradation of nonionic surfactants and polychlorinated biphenyls by recombinant field application vectors. J. Ind. Microbiol. Biotechnol. 19 : 252-262.

Maymo-Gatell, X., Y. Chien, J.M. Gossett, and S.H. Zinder 1997. Isolation of a bacterium that reductively dechlorinates tetrachloroethene to ethene. Science 276 : 1568—1571.

Quensen, J.F., S.A. Boyd, and J.M. Tiedje 1990. Dechlorination of four commercial polychlorinated biphenyl mixtures (Aroclors) by anaerobic microorganisms from sediments. Appl. Environ. Microbiol. 56 : 2360-2369.

Rodrigues, J.L.M., C.A. Kachel, M.R. Aiello, J.F. Quensen, O.V. Maltseva, T.V. Tsoi, and J.M. Tiedje 2006. Degradation of Aroclor 1242 dechlorination products in sediments by *Burkholderia xenovorans* LB 400 (*ohb*) and *Rhodococcus* sp. strain RHA 1 (*fcb*). Appl. Environ. Microbiol. 72 : 2476-2482.

Scholz-Muramatsu, H., A. Neumann, M. Meßmer, E. Moore, G. Diekert 1995. Isolation and characterization of *Dehalospirillum multivorans* gen. nov., sp. nov., a tetrachloroethene-utilizing, strictly anaerobic bacterium. Arch. Microbiol. 163 : 48-56.

Strong, L.C., H. McTavish, M.J. Sadowsky, and L.P. Wackett 2000. Field-scale remediation of atrazine-contaminated soil using recombinant *Escherichia coli* expressing atrazine chlorohydrolase. Environ. Microbiol. 2 : 91-98.

Wackett, L.P. and C.D. Hershberger 2001. Biocatalysis and Biodegradation. ASM Press, Washington. 171-190

第3章
微生物における遺伝子組換え研究の意義と直面する問題

五十君 靜信
国立医薬品食品衛生研究所

1. はじめに

　本稿では，おもに食品を対象とした遺伝子組換えについて考えてみたい．日本が議長国を務めた CODEX 特別部会により，2003 年に遺伝子組換え微生物食品の安全性評価に関するガイドラインが作成されたことから，現在，遺伝子組換え技術の有用微生物への応用並びに実用化に向けた研究が活性化している．研究とは別に，組換え微生物を用いた食品や製品がはたして一般の消費者に容易に受け入れられるのだろうかという考え方が，多くの民間企業にあることも事実である．遺伝子組換え微生物が広く受け入れられるのかどうかは，一般消費者の安全性に対する懸念が払拭できるかどうかに大きくかかわっている．米国をはじめ海外ではすでに多数の遺伝子組換え植物が食品として市場に出回っているが，組換え微生物はまだそのような状況になっていない．組換え植物は収穫した後食品としての組換え体は自立的に増殖することはなく量的なコントロールが容易であることから，組換え食品としては比較的受け入れやすいといえる．一方，組換え微生物の特徴は，食品としての流通・保存時に増殖が可能である組換え体を用いることが多く，組換え体そのものが自立的に増殖し量的コントロールが困難であることから，組換え植物に比べその安全性に関する不安は根深い．組換え体からの遺伝子漏出，ヒトや動物の腸内フローラへの影響，そして免疫系への刺激，さらには環境への放出に伴う影響など，安全性評価の難しい部分は多い．一方，この

ような組換え体利用を躊躇させる慎重な議論はあるが，組換えという有能な技術を乳酸菌やその他の微生物に応用しようという研究は着実に進んでいる．とくに乳酸菌研究のこのような流れはヨーロッパで盛んであり，乳酸菌のゲノム解析やプロテオーム，メタボロームといった研究と合流し，ヨーロッパのこの分野の研究はわれわれから見ると大変うらやましいばかりの成果を上げつつある．本稿では，遺伝子組換え微生物，とくに乳酸菌組換え研究の一部を紹介しながら，安全性などの実用化に関する問題点についてまとめてみたい．

2．食品における遺伝子組換え体の安全性の基本的な考え方

ヒトが直接経口的に摂取する食品における遺伝子組換え体の安全性評価は，CODEXのガイドラインで採用されている実質的同等性（Substantial equivalence）という考え方が一般的である．われわれが毎日食べている食品の安全性は，人類が長い間食べ続けてきたという食経験に基づくもので，一般的な食品は科学的に分析して安全であると評価した上で食べているわけではない．食品の多くは，毒性物質や有害な成分を含むことが多い．たとえば，ジャガイモは，発芽すれば毒性物質を作るので，その部分を取り除いて食べる．大豆は生で大量に食べるとおなかをこわすので，加熱してから安全に食べる．フグは，致死毒性の高いふぐ毒を含んでおり，新規の食品として科学的な安全性の議論をしたら恐らく食品となり得なかったと思われる．このように，成分的に毒性や有害性をもつ物質を含んでいるものも食品として広く用いられており，むしろ多くの食品が有害物質を含んではいるが他の成分との相互作用や食品の加工方法などにより健康に影響を与えないレベルに制御し食品として用いているといえる．有害成分が多い場合にも，経験的な方法で，調理，加工することによって食品として安全に食してきた．食品はさまざまな成分から構成されており，含まれている成分すべてについて安全性を科学的に証明することは困難であり，さらに丸のままの食品を，化学物

質などの評価として行われている毒性試験により評価することも容易ではない．そこで，これまで食品として長期にわたり安全に食してきた歴史や経験を持つ食品に関しては安全性の議論をすることなく食品として安全とみなすこととした．その上で遺伝子組換え食品の安全性評価では，これまで安全に食べられてきた食品と比較し，組換えにより変化した成分について安全性を評価する．つまり，組換えにより新たに付加されたものの安全性を確認した上で，遺伝子組換え食品とこれまで人が食べてきた食品とを比べて，「実質的に同程度とみなせるかどうか」を検討し，安全性を評価する．この考え方により，従来からある食品の安全性を問題にすることなく，遺伝子組換えにより導入された新たなる成分について重点的に安全性を評価し，複雑で多数の成分から構成される食品の安全性を評価することが可能となった．食品以外の用途として用いられる組換え微生物の安全性は環境への影響を中心にその安全性が評価されることになるが，基本的な考え方は同様である．

遺伝子組換え技術が非常に高い可能性を持った技術であるという共通認識はすでに確立していると思われるが，この技術が期待される一方で，その技術に対する漠然とした不安があるのも事実である．表3.1に遺伝子組換え体の安全性に関係するおもな出来事をまとめた年表を示した．遺伝子組換え技

表3.1 遺伝子組換え体安全性評価関連年表

1973	組換えDNA技術の確立（ゴードン会議）
1974	Bergらの呼びかけによる研究の一時中止（SV-40 ネズミに癌が発生？）
1975	アシロマ会議（組換えは生物学的，物理学的に封じ込め実験で行う）
1976	NIH組換えDNA実験ガイドライン制定,意図的環境放出実験は禁止
1982	NIHガイドライン改正，禁止条項の削除
1983	OECD，科学技術政策委員会におけるバイオ安全対策の検討開始
1991	（日本）安全性評価指針に基づき，組換え（GM）食品の安全性審査開始
2000	（日本）食品衛生法に基づき，GM食品の安全性審査開始
2003	CODEX モダンバイオテクノロジーにより得られる食品のリスク分析の原則 GM植物，GM微生物応用食品の安全性のためのガイドライン
2003	（日本）食品安全委員会により，GM食品のリスク評価開始
2004	（日本）カルタヘナ議定書国内担保法，GM使用などの規制生物の多様性確保
2005	CODEX GM動物食品の安全性ガイドライン検討を開始

術が確立したのは約30年前でつい最近のことである．当初から科学者自身がすばらしい技術であると同時に時には危険な技術となりうるという認識を持って自主的に遺伝子組換え体の安全性の議論を始めた．1970年代から科学者の議論の結果として開始された封じ込めによる研究方法は現在も続けられている．これまで組換えという技術に伴う固有のリスクは確認されているわけではないが，感覚的な組換え体の安全性に対する不安があるのも確かである．とくに食品の分野では，組換え技術を用いた育種の結果である組換え体の大量暴露を受けるという点において，感覚的にリスクが増強される傾向があると思われる．組換え体の安全性は，科学的な安全性の議論があることは当然であるが，その実用化には消費者心理や情報伝達といった社会的な問題として議論してゆくことも重要であると思われる．このことは，微生物の組換え体の実用化を考えると，とくに重要であると思われる．CODEXでは，組換え体の表示義務付け案をめぐりアメリカを筆頭とする遺伝子組換え推進のグループと，EU・日本を中心とする慎重グループとが対立している．企業系NGOの国際チューインガム協会，国際作物品種改良協会，適正栄養協会などはアメリカを支持し，誤った科学的認識に基づく表示はあたかも遺伝子組換え食品が危険であるかのように消費者を誤導するものであると主張している．このような議論が今後決着して行くには，組換え体を社会的な問題として議論してゆくことが必要であると思われる．

3．遺伝子組換え微生物のFAO/WHO専門家会議での議論

CODEXの要請でFAO/WHOが2003年に招集した組換え微生物の専門家による専門家会議における議論と提言は，遺伝子組換え微生物食品の安全性に関する科学的な助言として有用である．当時，植物由来のバイオテクノロジー応用食品の安全性評価については，すでに議論が進んでいたことから，この会議では，組換え植物において合意された組換え体の安全性に関する基本的な考え方を確認したうえで，組換え微生物に固有でとくに重要とな

る項目について重点的に検討された．組換え微生物食品の対象は，生死を問わず組換え微生物を含む食品および食品添加物，ならびに組換え微生物の発酵により作られた食品および食品添加物と定義した．植物に比べ，細菌などの微生物においては相同組換えが容易に利用できるため，遺伝子組換え操作が管理しやすいという大きな利点がある．組み込み部位は意図的に設定可能であり，不要な遺伝子配列は比較的容易に取り除くことができる．導入遺伝子の選択・維持は，相同遺伝子の選択と安全な食品利用に鑑み，予め計画的に設計することができる．このような特徴は，組換え微生物の安全性を確保する上で有効に利用することができる利点である．一方，食品に利用される微生物は食品製造工程や消費後に残存する可能性があるため，直接・間接に摂取者であるヒトとの相互作用を起こす可能性がある．宿主として用いる微生物に病原性・毒性・アレルギー誘発性のいずれも認められず，遺伝子組換えによりその状態が変化しないよう徹底することは重要である（実質的同等性の担保）．消化管や腸内フローラに対する影響，遺伝物質の伝達，ヒト免疫系への影響などは，とくに考慮が必要な項目であるとされた．微生物の生態についての理解を深めることで遺伝子組換え微生物の安全性を促進する方法が利用できることが指摘された．専門家会議は，遺伝子組換え微生物を利用して製造した食品の安全性評価において考慮しなければならない事項として以下を示した．

- 遺伝子組換え微生物および遺伝子組換え微生物を利用して製造した食品に対する実質的同等性概念の適用が可能であることを確認
- 遺伝子組換え微生物の開発に利用した技術の検討－とくに宿主微生物と挿入遺伝子とベクターを提供する微生物に，安全に利用されてきた歴史を求め，抗菌剤耐性マーカー遺伝子の使用の回避
- 食品から消化管細菌叢と哺乳類宿主細胞への遺伝物質の伝達
- 遺伝子組換え微生物の遺伝的安定性
- 遺伝子組換え微生物の病原性
- ヒト免疫系に対する遺伝子組換え微生物の影響
- 遺伝子組換え微生物のヒトへの曝露と食品加工・製造・保管の影響

これらのうち，とくに注目されるのは，宿主微生物，挿入遺伝子，ベクターを提供する微生物に，安全に利用されてきた歴史と抗菌剤耐性マーカー遺伝子の使用の回避を明示していること，組換え微生物自身の安全性を評価すると共にその微生物を用いて加工された食品についても安全性評価を行う2段階の安全性評価が必要であるとしている点である．

4．微生物における遺伝子組換え

微生物の遺伝子組換え技術は，基盤となる技術はほぼ確立されたと思われる．われわれの研究対象としている乳酸菌においても，すでに *Lactococcus lactis* や一部の乳酸桿菌（*Lactobacillus* 属菌）などでは，組換え技術はほぼ完備されたと言える．他の乳酸菌についても，基本的には，同様な技術が適用可能と思われ，現在組換えが実現されていない微生物の組換え操作も，それぞれ多少の工夫を加えることにより操作可能になると思われる．遺伝子組換えにとって最も基本となるのは遺伝子情報の蓄積であるが，近年のゲノム解

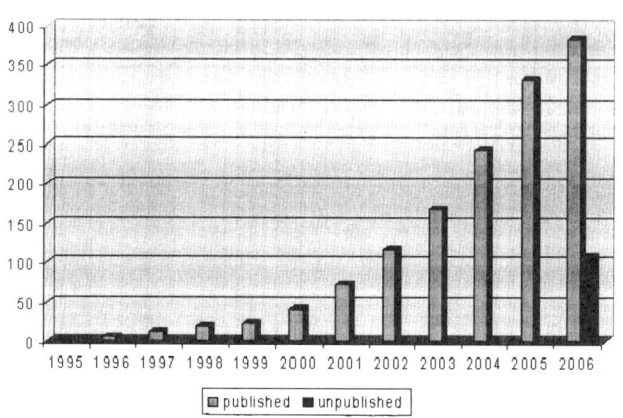

Completely Sequenced Genomes
June 2006

図 3.1　ゲノム解析による塩基配列データの増大
（http://www.genomesonline.org/）

析の成果により遺伝子のデータベース化は爆発的に進んでいる（図3.1）．微生物のゲノムサイズはたとえば一般的な細菌で2～4メガ程度であることから，ゲノム解析技術の進歩によりそれほど予算や時間をかけなくても全配列情報を入手することが可能となってきた．遺伝子情報の蓄積により組換えによって付加する機能をデータベースから検索し，希望する機能を付加した組換え体をデザインすることはそれほど難しいことではなくなりはじめている．したがって，今後の乳酸菌を始めとする微生物の育種は遺伝子組換え技術を用いてダイナミックに展開すると思われる．個々の微生物に機能を持たせ単独で利用する場合は，求める成果は比較的容易に得られると思われる．たとえば，乳酸菌組換え体をワクチンや癌治療薬として医薬の分野に用いるという試みはこれに相当する．乳酸菌を抗原運搬体とするワクチンはすでに複数報告されており，それらの論文では実験動物を用いてワクチンとしての効果が確認されている．

　一方，微生物の利用では，単独菌のみを利用することはむしろ少ないと思われる．たとえば，乳酸菌が発酵という手段で用いられる場合は，多くの場合，食品基質と複数の微生物の代謝が関わってくることから，組換え乳酸菌の単独利用の場合とは組換えにおける組換え体の構築の考え方が異なる．一部の発酵食品のように複数の菌の混在する中で，結果として最終食品が生成されてくる場合，それぞれの製造過程において菌同士の代謝制御をいかに行うかが重要である．微生物を用いたゴミ処理や汚物分解においてはさらに複雑な多数の菌の反応を考慮しなくてはならないと思われる．さらに通常それぞれの菌の構成は一定ではなく，異なっている．たとえばある菌にある機能を遺伝子組換えで付与した場合，その遺伝子産物が，他の菌や全体の発酵過程に影響を与えてしまう，あるいは他の微生物の影響を受けてその機能が消失してしまうといった事はしばしば起こると思われる．この様な複数の微生物の共存下における利用においては，組換えに当たり微生物集団全体を考慮した組換えのデザインが必要となってくるものと思われる．最近，微生物集団を丸ごと遺伝子レベルで解析し評価するメタゲノム解析という手法が用いられ，複雑な微生物から構成されている集団の機能が評価され始めている．

この研究は最近始まったところであるが，微生物集団がひとつの機能体として捉えられつつあり，この知見の集積と遺伝子組換え技術は将来融合してゆくものと思われる．

5．乳酸菌の有用性と組換え

組換え植物は，当初，生産性を上げたり，労働力を削減したりといったおもに生産者メリットの高い食品として開発された．表 3.2 にこれまで世界で作出された遺伝子組換え植物の事例を一覧としてまとめた．これらの組換え体を第一世代の組換え体とよぶとすれば，第一世代の組換え体は，生産者メリットが主であり，経済性の面で消費者にも間接的なメリットが与えられていた．現在，主なメリットを消費者とした第二世代の組換え体の開発が行われている．第二世代の組換え体では，食品の栄養バランスを良くしたり，味

表 3.2 世界で作出された遺伝子組換え植物の事例

第一世代の遺伝子組換え体
　除草剤耐性：ダイズ，ナタネ，トウモロコシ，ワタ，イネ，コムギ，テンサイ，ジャガイモ，トマト，亜麻，ポプラ
　害虫抵抗性：トウモロコシ，ワタ，ダイズ，ジャガイモ，ナタネ，イネ，トマト，ナス，リンゴ，タバコ，サトウキビ
　除草剤耐性かつ害虫抵抗性：トウモロコシ，ワタ
　耐病性：パパイヤ，スクウォッシュ（カボチャ），イネ，コムギ，ニンジン，ナス，トマト，ジャガイモ，キュウリ，スイカ，タマネギ，イチゴ，メロン，サツマイモ，サトウキビ，ヒマワリ，タバコ，ブドウ，リンゴ，ナタネ，ダイズ
　収量の向上：トウモロコシ，イネ，コムギ，ナタネ，ダイズ，トマト
　不良環境耐性：トウモロコシ，コムギ，ワタ
　日持ちの改良：トマト，カーネーション，イチゴ，メロン，ペチュニア

第二世代の遺伝子組換え体
　成分や機能などの改良：
　　　　高オレイン酸ダイズ，高ラウリン酸ナタネ
　　　　高ビタミン（βカロチン含有）イネ
　　　　タンパク質組成改変イネ，ダイズ
　　　　高アミノ酸（メチオニン）コムギ
　　　　デンプン組成改変（低アミロース）ジャガイモ
　　　　繊維質改良ワタ
　　　　色変わりカーネーション

や香りなどを良くしたり，人の健康維持に役立つような組換えを行っている．このような第二世代の組換え体は，組換え植物において実用化研究が進められているが，組換え微生物とくに乳酸菌など食品として用いられる微生物においても期待されている．

　ヒトや動物の健康に対する乳酸菌の持つ機能に関する研究は，いろいろな面から進められ，さまざまな有用機能が知られており，そのメカニズムについても科学的に解明されつつある．多くはヒトにおける保健効果を目的としているが，動物に対しても同様な効果が期待できる（Fuller, 1998）．最もよく知られた乳酸菌の機能はプロバイオティクスとしての機能で，ヒトにおける多様な保健効果が知られている．プロバイオティクスは，通常の健康状態において保健効果や感染防御効果を期待でき，ヒトや動物の健康維持に大変有用である．一方，ウシ，ブタ，ニワトリといった生産動物の健康維持に，抗生物質ないしは抗菌剤に代わり，プロバイオティクスを利用可能であるかという議論になると，状況は異なってくる．プロバイオティクスは効果があるといっても医薬品ではなく，機能を持った食品であるため，これまで用量や使用法をそれほど厳密に管理しなくとも，安心して用いる事ができた．その効果は，"効き過ぎない"からこそ，長期にわたり，広く安全に用いられてきたのである．すなわち，"効果はあるが，それほど強力でない"ということが，乳酸菌の安全性において重要であった．乳酸菌へ遺伝子組換え技術を導入するということは，この一線を越える可能性がある．したがって，遺伝子組換え技術を乳酸菌に導入することは，より高い効果や新しい機能を期待するとともに，期待された効果や機能が得られるとすれば，常に安全性に関する議論や確認を行う必要がある．

6．乳酸菌組換え体の可能性

　現在，組換え乳酸菌の研究として具体的に研究が進められており，最も注目されているものとして，経口ワクチンの抗原運搬体としての利用がある．乳酸菌組換えワクチンに関する基礎研究は論文として報告されており，複数のワクチンにおいて，動物実験でワクチンの効果が実証されている．遺伝子

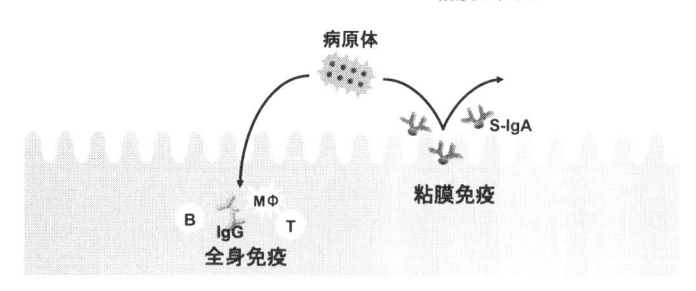

図3.2 粘膜免疫では,粘膜局所の分泌型 IgA による病原体の侵入ブロックと,全身性免疫の誘導による二重の感染防御が期待できる

組換え技術により,乳酸菌は経口ワクチンの抗原運搬体として新しい機能を獲得することができると最近の研究結果は示している (Cheum et al., 2004 ; Igimi et al., 2004 ; Xin et al., 2003).

　これまでのワクチン研究から,ある感染症に対するワクチンはその感染症の感染経路に従って投与するのが最も効果的であると考えられている.すなわち,腸管感染症を予防するワクチンは,経口投与による腸管粘膜上皮からの粘膜免疫が必須である.これにより腸管粘膜局所の特異的な IgA 抗体産生の増強による病原体の侵入ブロックが期待される.粘膜免疫ではさらに全身性免疫の誘導による二重の感染防御が可能となる (図 3.2).腸管感染症に対する経口ワクチンは,消化管というワクチンにとっては最も過酷な環境で抗原性を保つ必要性から,遺伝子組換えの生菌ワクチン或いは人工的な抗原運搬体と感染防御抗原の組み合わせで作出されることが望ましい.したがって,運搬体と抗原を分けて,腸内環境に適する運搬体と,遺伝子レベルで十分な無毒化を行った感染防御抗原との組み合わせで,経口ワクチンを作出したい.乳酸菌々体には,免疫賦活作用があることが知られており,抗原運搬体としての利点となる.たとえば,サルモネラワクチンの投与に乳酸菌を加えて接種したところ,免疫効果が増強されたが,株によってその効果が異なっていたという報告 (Fang et al., 2000) がある.サルモネラの鞭毛抗原はワクチンの抗原として効果が知られている.この鞭毛抗原を遺伝子組換えによ

図3.3 ワクチン投与によるサルモネラの排除
ニワトリにあらかじめ、鞭毛抗原を発現した乳酸菌組換えワクチンを投与し、親鶏がサルモネラに罹らないようにする。生まれてくる卵は、内部が汚染されることがなく、安全な卵を得ることができる。

り乳酸菌に組込み経口ワクチンを作成すると、感染防御効果が期待できる。われわれの研究室ではマウスにおいてすでにその効果を確認しており現在論文として投稿中である。たとえばこのワクチンが実用化すれば、産卵鶏にワクチン投与することにより、サルモネラの汚染を卵から排除することが期待できる（図3.3）。乳酸菌では菌体自身に強いTh1型の免疫を誘導する作用を持つ株と、Th2型の免疫を誘導する作用を持つ株がそれぞれ報告されている（Christensen *et al.*, 2002）。これらの機能はまだそのメカニズムが解析されていないが、近年急速に研究が進められつつある。*Lactobacillus casei*では、Th1型の免疫反応によりIFNγを誘導する効果の高い株が知られている。このような乳酸菌を抗原運搬体として用いれば、ウイルスや細胞内寄生菌など細胞性免疫の誘導が感染防御に必要な微生物のワクチンとして有用であると思われる。一方、Th2型の免疫反応に関係するサイトカインの誘導を促進する乳酸菌も知られている。このような株を抗原運搬体として用いると、毒素の中和抗体や病原体の進入を阻止する抗体の産生を誘導する目的に有用と思われる。このような乳酸菌々体の持つ免疫賦活効果と組み込む抗原の組み合わせを選ぶことにより、さまざまな目的に適するワクチンの作出が期待される。アジュバント効果以外についても乳酸菌株の抗原運搬体として

の妥当性は報告されており，*Lactobacillus plantarum* では，ヒトの経口摂取後胃における強い酸性に耐え生残し小腸に達することが確認されており，この特性は経口ワクチンの抗原運搬体として適当であるとする研究報告（Vesa *et al*., 2000）がある．

　乳酸菌はプロバイオティクスとしてより強い機能を期待され，遺伝子組換えにより，より高い効果を期待される．乳酸菌組換えワクチンは，すでに医薬品に相当する機能を持ちつつあり，その高い機能ゆえ，一部の組換え体では医薬品と同等の管理を必要とする可能性がある．また，機能を高めたプロバイオティクスの実用化には誰もが納得できる遺伝子組換え体の安全性の議論も必須である．乳酸菌育種の手段として遺伝子組換えは，ようやく本格的に始まったところである．まだまだ新しい機能や利用方法が出てくると思われる．

　嫌気性の乳酸菌を運搬体として，固形癌の治療を試みようという実験も進められている．固形癌の中心部は酸素分圧が低く，摘出した癌の組織内部に嫌気性菌が増殖していることがあることは知られていた．実際，偏性嫌気性菌を担癌動物に投与すると，選択的に癌組織での増殖が観察される．遺伝子組換えにより偏性嫌気性菌に癌の治療効果を高める物質を作らせ，癌の病巣に集積する性質を利用し，癌細胞を選択的に死滅させようという試みである．信州大学医学部では実験動物での実験（Yazawa *et al*., 2000）の成功からヒトへの応用を想定した基礎データの収集を進めており，ヒトでの臨床実験を予定している．

　組換え乳酸菌を利用したアレルギー治療剤の開発研究も開始されている（Repa *et al*., 2003）．乳酸菌は食品として安全に多量に摂取することができる．この乳酸菌にアレルゲンのエピトープを組込み，免疫寛容を誘導しようという試みである．生体に対する機能を持った物質をコードする遺伝子を乳酸菌に組み込み，組換え微生物を生体内の生産工場として利用するといった試みもされている．たとえば，サイトカインをコードする遺伝子を乳酸菌に組み込み生体内で発現させるといった研究である．IL-10を産生する組換え乳酸菌を作成し，慢性大腸炎モデルマウスに投与すると，大腸炎の症状は改

善し，組織学的にも改善が確認されている（Steidler *et al.*, 1998）.

　乳酸菌の作る物質の産業への利用として注目されているものとしては，L－乳酸の重合体からなる"自然界で分解するプラスチック"がある．その他の乳酸菌の産生物としては，抗菌性物質バクテリオシンの食品保存剤への利用，デキストランなど粘質多糖類の抗腫瘍性などの応用などが注目されている．乳酸菌の生産物の示す機能は，組換えに頼らなくてもその利用は可能であるが，遺伝子組換えによりその適応範囲が広げられてゆくものと思われる．

7．おわりに

　遺伝子組換え技術により，乳酸菌は経口ワクチンの抗原運搬体として新しい機能を獲得する事ができると最近の研究結果は示している．乳酸菌はプロバイオティクスとしてより強い機能を期待され，遺伝子組換えにより，より高い効果を期待される．乳酸菌組換えワクチンは，すでに医薬品に相当する機能を持ちつつあり，その高い機能ゆえ，一部の組換え体では医薬品と同等の管理を必要とする可能性がある．また，機能を高めたプロバイオティクスの実用化には誰もが納得できる遺伝子組換え体の安全性の議論も必須である．乳酸菌の育種の方法としての遺伝子組換えは，やっと本格的に始まったところである．まだまだ新しい機能や利用方法が出てくると思われる．たとえば，嫌気性組換え乳酸菌を用いたガン治療が，臨床実験を計画している．組換え乳酸菌を利用したアレルギー治療剤の開発研究が開始されている．乳酸菌に機能を持った物質をコードする遺伝子を組み込み，生体内での生産工場として利用するといった試みもされている．たとえば，サイトカインをコードする遺伝子を乳酸菌に組み込み生体内で発現させるといった研究である．

　これまでは，乳酸菌への組換えの応用は漠然とした安全性への不安から消費者に理解が得られないだろうという考え方が主流であり，日本の企業は乳酸菌に組換え技術を用いることはタブーであるかのごとく扱ってきた．一方，世界の流れとしては組換え技術により，乳酸菌は有用な機能の強化や新

たなる機能の獲得といった方向性を持って育種されてゆくと思われる．組換え技術を応用し，しばしば医薬品と同等な効果を期待されることになる．今後は，組換えにより得られる乳酸菌の機能によるメリットと安全性を秤にかけて，乳酸菌における組換え技術の有用性を正当に評価し活用してゆくことになると思う．

引用文献

Cheun, H.I., K. Kawamoto, M. Hiramatsu, H. Tamaoki, T. Shirahata, S. Igimi and S.I. Makino 2004. Protective immunity of SpaA - antigen producing Lactococcus lactis against Erysipelothrix rhusiopathiae infection. J. Appl. Microbiol. 96 : 1347-1353.

Christensen, H.R., H. Frokiaer, and J.J. Pestka 2002. Lactobacilli differentially modulate expression of cytokines and maturation surface markers in murine dendritic cells. J. Immunol. 168 : 171-178.

Fang, H., T. Elina, A.Heikki, and S. Seppo 2000. Modulation of humoral immune response through probiotic intake. FEMS Immunol. Med. Microbiol. 29 : 47-52.

Fuller, R. 1989. Probiotics in man and animals. J. Appl. Bacteriol. 66 : 365-378.

Igimi S., A. Kajikawa, T.W. Kim, A. Okutani, E. Satoh, and S.I. Makino 2004. Development of *Listeria* vaccine using recombinant Lactic Acid Bacteria. In Abstracts of XV International Symposium on Problems of Listeriosis. Uppsala, Sweden. 146.

Repa, A., C. Grangette, C. Daniel, R. Hochreiter, K. Hoffmann-Sommergruber, J. Thalhamer, D. Kraft, H. Breiteneder, A. Mercenier, and U. Wiedermann 2003. Mucosal co-application of lactic acid bacteria and allergen induces counter-regulatory immune responses in a murine model of birch pollen allergy. Vaccine. 22 : 87-95.

Steidler, L., K. Robinson, L. Chamberlain, K.M. Schofield, E.Remaut, R.W. Le Page, and J.M. Wells 1998. Mucosal delivery of murine interleukin-2 (IL-2) and IL

-6 by recombinant strains of Lactococcus lactis coexpressing antigen and cytokine. Infect. Immun. 66 : 3183-3189.

Vesa, T., P. Pochart, and P. Marteau 2000. Pharmacokinetics of *Lactobacillus plantarum* NCIMB 8826, Lactobacillus fermentum KLD, and *Lactococcus lactis* MG 1363 in the human gastrointestinal tract. Aliment. Pharmacol. Ther. 14 : 823-828.

Xin, K.Q., Y. Hashino, Y. Toda, S. Igimi, Y. Kojima, N. Jounai, K. Ohba, A. Kushiro, M. Kiwaki, K. Hamajima, D.Klinman and K. Okuda 2003. Immunogenicity and protective efficacy of orally administered recombinant *Lactococcus lactis* expressing surface-bound HIV Env. Blood. 102 : 223-228.

Yazawa, K., M. Fujimori, J. Amano, Y. Kano, and S. Taniguchi 2000. *Bifidobacterium longum* as a delivery system for cancer gene therapy : selective localization and growth in hypoxic tumors. Cancer Gene Ther. 7 : 269-274.

第4章
遺伝子組換えカイコの作出法の開発と利用

田　村　俊　樹
農業生物資源研究所遺伝子組換えカイコ研究センター

1．はじめに

　カイコは鱗翅目に属する大型の昆虫で，古くから絹を生産するためにヒトに飼われてきた．日本において蚕糸業は明治から昭和初期にかけて輸出産業として重要な地位を占めていた．そのため，多くの先駆的な研究が行われ，関連する技術や情報が日本に蓄積されている．生物としてカイコを見るときわめて特異な昆虫である．昆虫は数百万種以上あるといわれているが，その大部分はヒトとの関係は少なく，ほとんど知られていない．ヒトによく知られている昆虫はミツバチを除くと，カやハエ，ゴキブリ，ウンカなどの害虫であり，駆除の対象となっている．そのため，昆虫学の研究の大部分は農薬などを用いて，いかにして害虫を防除するかという観点から行われてきている．しかし，カイコでは逆にいかにして育てるかという観点から研究が行われている．そのため，飼育環境や病気の防除，栄養学，遺伝学などの研究が行われ，蚕糸業の発展に大きく貢献してきた．しかし，近年日本の蚕糸業は海外から輸入される安い生糸や繭との価格面での競争が強まり，衰退を続けている．

　しかしながら，日本においてこれまで蓄積されたカイコについての知識や技術，情報を使った新しい産業を創出することは可能と考えられる．そのための方策の1つとして，新しい機能を持つカイコの研究がある．カイコの機能を改変し，蚕糸業だけではなく，医療などの他の分野にも利用できるカイ

コを作出するためには，外来遺伝子を導入したカイコを作る技術を開発する必要がある．このような観点から，外来遺伝子を導入した新しいカイコを作る技術，すなわち遺伝子組換えカイコの作出法について，これまで多くの研究が行われてきた．しかし，遺伝子組換えカイコを作出する方法は長い間開発することができなかった．筆者らも同様の観点から研究を行ってきた結果，数年前にようやくトランスポゾンをベクターとして用い，そのDNAをカイコの卵に注射することにより，世界で初めて組換えカイコの作出に成功した (Tamura et al., 2000)．成功した当時の遺伝子組換えカイコの作出には高度な技術と多くの労力が必要であった．そのため，その後さらに改良が行われた．すなわち，DNAの卵への注射装置の開発や新しいベクターの作出などの研究が行われた．その結果，最近では比較的簡単に組換え体を作ることができるようになった (田村, 2006；2004；Tamura et al., 2001)．また，カイコのゲノム中に導入した遺伝子は次世代以後も安定していることなどが明らかにされるとともに，導入遺伝子の発現制御法についても研究が進んだ．たとえば，絹糸腺で特異的に発現させることのできるプロモーターの開発や酵母のGAL 4/UAS系を用いた導入遺伝子の発現制御法，エンハンサートラップを利用した組織特異的な発現系などが開発されている．また，有用物質を生産するために絹糸腺などの目的組織で組換えタンパク質を作り，繭糸へ分泌する方法の研究が進んでいる (田村, 2004)．本章では，カイコの特徴とトランスポゾンを利用した遺伝子組換えカイコの作出系，導入遺伝子の発現制御，カイコを利用した組換えタンパク質の生産，昆虫特異的な遺伝子機能の解析などとともに今後の展望について紹介する．

2．カイコの生活環と生物としての特徴

図4.1にカイコの生活環を示した．通常のカイコは卵で越冬し，翌年の春に孵化する．孵化した幼虫は20日後に繭を作り始め，蛹になる．約2週間の蛹の時期を過ぎると，羽化して成虫である蛾となる．カイコの蛾は羽化したその日に交尾し，産卵して一生を終える．一般のカイコの卵は休眠卵となって越年するため，カイコは1年サイクルの昆虫になる．しかし，卵の休眠

性は卵を濃い塩酸に浸漬することによって打破することができる．この場合の卵期は約10日で，幼虫や蛹，成虫の時期は休眠した場合と変わらないため，生活環は約50日に短縮される．また，カイコの種類によっては多化性とよばれる品種があり，この品種の卵は休眠しない．

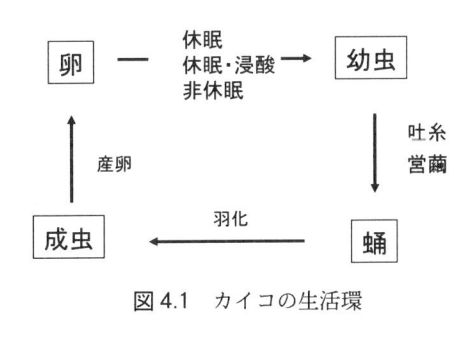

図 4.1 カイコの生活環

カイコはヒトに飼い慣らされた昆虫であるため，他の昆虫などには見られない多くの特徴を持っている．たとえば，幼虫は餌のある場所から動かず，飼育容器の外に這い出すことはない．また，成虫に羽はあるが飛ぶことはできない．したがって，飼育している場所から逃げることはなく，逃げた場合でも自ら餌をさがす能力がないため生存することはできない．また，カイコは大量飼育に適した生物であり，飼育施設では数十万頭単位の幼虫を一度に飼育することができる．加えて，大豆粉末を主成分とする人工飼料が開発されており1年を通じて飼育することができ，無菌的な飼育が可能である．カイコの遺伝資源については，現在でも国内で1,000以上もの系統が保存され，繭生産や新しい品種の作成，遺伝・生化学的な研究に利用されている．このように組換えタンパク質を生産する遺伝子組換え生物としてカイコをみた場合，非常に扱いやすい生物であること，タンパク質を大量に生産できる能力があること，飼育や系統，生理生化学的な知見が日本で蓄積されていることなどの利点がある．

3．トランスポゾンを利用した遺伝子組換えカイコの作出法

遺伝子組換えカイコの作出法についてはこれまで多くの研究が行われたが，再現性良く目的とする外来遺伝子を導入し，発現する技術を確立するこ

とはできなかった．たとえば，古くは正常型のカイコのゲノム DNA を突然変異系統の幼虫に注射し，次世代において正常型が出現したという報告がある（Nawa et al., 1971）．また，比較的最近では，特定の遺伝子を卵に注射することにより，次世代において遺伝子組換え体が得られるという研究（Nagaraju et al., 1996）や昆虫の核多角体ウィルスをベクターとして用いることにより遺伝子組換えカイコが作出されたことが報告されている（Mori et al., 1995 b ; Yamao et al., 1999）．しかし，いずれの方法も組換え体の作出効率が低い上に再現性に乏しく，技術として定着するに至らなかった．

　遺伝子組換えカイコを利用した本格的な研究はトランスポゾン piggyBac をベクターとして利用することにより，初めて可能になった（Tamura et al., 2000）．piggyBac はリン翅目昆虫である Trichoplusia ni のゲノムから見出された大きさ約 2.4 kb の DNA 型のトランスポゾンで，両端に逆位末端反復配列があり，トランスポゾンをゲノム間で移転させる作用のある転移酵素遺伝子がコードされている（図 4.2）．このトランスポゾンは宿主特異性が低いため，カイコ以外の多くの昆虫で遺伝子組換え体作出のためのベクターとして利用されている（Handler, 2002）．また，本稿では触れないが，宿主特異性が低く昆虫のベクターとして利用可能なトランスポゾンは piggyBac 以外にも知られている．とくに minos は piggyBac に次いで良く用いられているトランスポゾンで遺伝子組換えカイコを作るためのベクターとしても機能する（Shimizu et al., 2000 ; Uchino et al., 2006 a）．

　最初に遺伝子組換えカイコが作られた時のベクターを図 4.3 に示した．トランスポゾン piggyBac の逆位末端反復配列の間にカイコの細胞質アクチン遺伝子の上流をプロモーターとする緑色蛍光タンパク質（GFP）遺伝子を挿入したものである．また，ヘルパーは piggyBac の転移酵素遺伝子の上流にプロモーターとして，カイコの細胞質アクチンのプロモーター領域を繋げたものである（図 4.

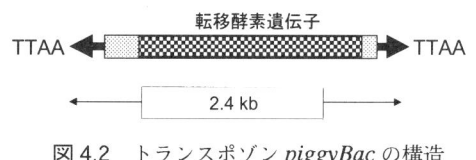

図 4.2　トランスポゾン piggyBac の構造
　　　　矢印は逆位末端反復配列

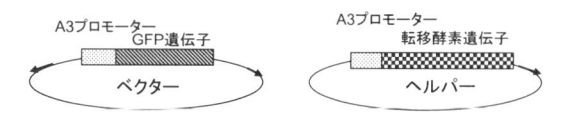

図4.3 遺伝子組換えカイコの作成に用いたベクターとヘルパーの構造

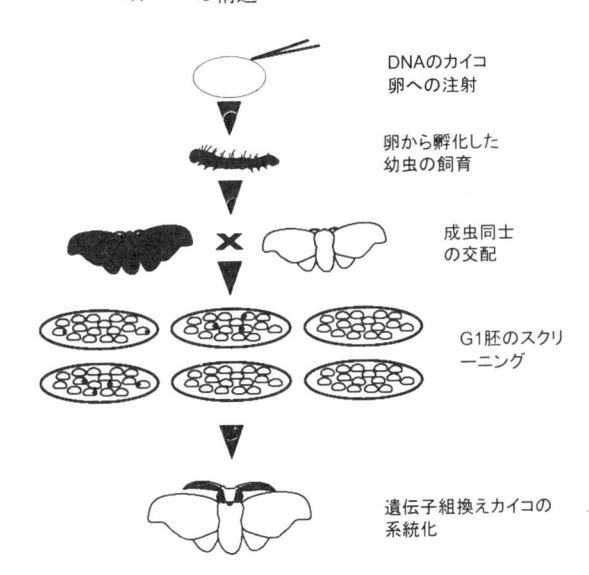

図4.4 トランスポゾンを利用した遺伝子組換えカイコの作出法

3).転移酵素はベクターの遺伝子の逆位末端反復配列に働き,目的遺伝子をゲノム中に転移させる作用があり,ヘルパーは細胞内にこの酵素を供給することが目的である.遺伝子組換えカイコの作成は,図4.4に示したようにこれら2種類のDNAを一緒に発生初期のカイコ卵に注射し,次世代においてGFPが発現した個体を識別することによって行われている.卵に注射したDNAがカイコのゲノムに挿入されるためには,まず核に入る必要がある.カイコの初期発生をみると,カイコの卵は産卵後約2時間の時期に雄核と雌核が融合し受精するが,受精直後の核は細胞膜を持たないシンシチウムと呼ばれる裸の核である.卵を25℃で保護するとシンシチウムは1時間ごとに

分裂を繰り返しながら卵の表面へと移動し，卵に注射したDNAはこの時期に核内に取り込まれる．そして，産卵後14～16時間になると胞胚と呼ばれる細胞膜に包まれた細胞層が形成され，この細胞層から胚が作られる．このことから，胞胚が形成される前の時期の卵にDNAを注射することにより，注射したDNAは核内に取り込まれ，遺伝子として機能することが予想されるが，実験的にも証明されている（Tamura *et al*., 1990）．注射したヘルパーとベクターDNAはシンシチウムが分裂する過程で核に取り込まれ，前者から転移酵素が合成され，この酵素の作用によって後者のプラスミド中の遺伝子がカイコのゲノム中に転移する．卵から孵化した幼虫はこの転移が生じた細胞を持ち成虫へと成長する．この転移が生じた細胞を有する成虫を交配するとトランスポゾンによる目的遺伝子の転移が生じた生殖細胞から精子や卵子ができ，次世代の個体となる．そのため，一定の頻度で次世代の個体の中には組換え体が含まれる．このことから，次世代の幼虫を飼育し，GFPの発現を蛍光顕微鏡で観察することにより，遺伝子組換えカイコをスクリーニングすることができる．図4.5 aにはプロモーターに細胞質アクチン遺伝子の上流領域を用い，GFP遺伝子をマーカーとして用いた場合の組換えカイコを示した．この場合は，全身でGFPを発現している幼虫として，容易に遺伝子組換え体を見い出すことができる．

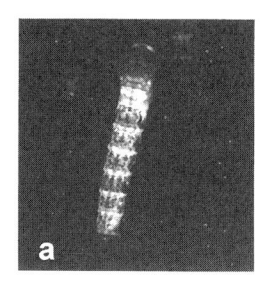

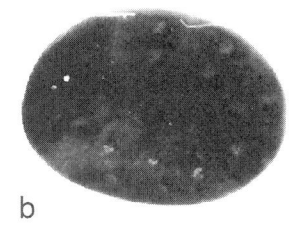

図4.5 遺伝子組換えカイコにおける緑色蛍光タンパク質（GFP）遺伝子の発現
a：細胞質アクチン遺伝子の上流をプロモーターに用いた場合の幼虫におけるGFP遺伝子の発現；b：眼での発現特性を持つプロモーター（3xP3）を用いた場合の胚での発現

表 4.1 従来の注射装置を用いた場合の遺伝子組換えカイコの作出効率

実験区	注射卵数	孵化卵数（%）	産卵蛾数	組換え体出現蛾数（%）
1	3420	747 (22)	152	3 (2)
2	2249	1027 (46)	315	2 (0.6)
3	3124	1645 (53)	641	3 (0.5)
4	2159	779 (36)	217	2 (0.9)
5	982	389 (40)	117	3 (2.5)

上記の方法で遺伝子組換えカイコが作出できることが示されたが，この方法が開発された当初における遺伝子組換えカイコの作出効率は低かった（表4.1）．また，卵へのDNAの注射はカイコの卵殻が厚くて固いためガラスキャピラリーで注射を行うと簡単に折れてしまうという問題があった．そのため，われわれの研究室では2台のマイクロマニュピュレーターでタングステン針とガラスキャピラリーを操作し，タングステン針で1度卵に穴を空けその穴にガラスキャピラリーの通すという方法で注射を行っていた（神田・田村，1991）．しかし，この2台のマニピュレーターを扱う方法は操作が難しく，注射できるようになるまでかなりの訓練を要するという問題点があった．これに加えて，幼虫における蛍光タンパク質の発現によって組換えカイコをスクリーニングするため，実験ごとに卵から孵化するカイコ幼虫を飼育する必要があった．そのため，トランスポゾンをベクターとして卵にDNAを注射することによって組換えカイコを作る方法は他の研究室で用いることは難しかった．トランスポゾンを利用した遺伝子組換えカイコの作出が他の研究室でも容易に行うことができるようにするためには，注射方法を改良するとともに組換えカイコの作出効率を上げる必要があると考え，以下の改良を行った．最初に行ったのは注射

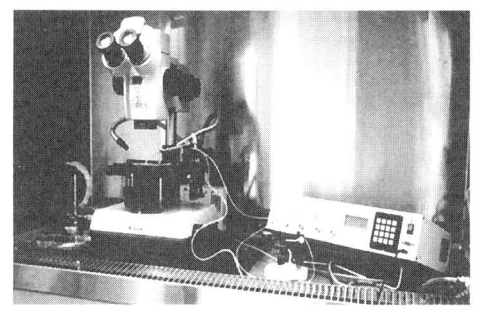

図 4.6 カイコの卵への DNA 注射装置

表 4.2 新しい注射装置を用いた場合の遺伝子組換えカイコの作出効率

実験区	注射卵数	孵化卵数 (%)	産卵蛾数	組換え体出現蛾数 (%)
1	1317	540 (41)	225	35 (16)
2	716	440 (62)	118	14 (12)
3	671	276 (41)	69	10 (14)

装置の改良で，図 4.6 に示したような DNA の注射装置を開発した (Tamura et al., 2001)．この装置はタングステン針で空けた卵の穴に機械的な操作により正確にガラスキャピラリーの先端をガイドできるようになっている．そのため，卵への DNA の注射が容易にしかも効率良く行うことが可能になった．これに加え，1 台のマニュピュレーターで操作するため装置が小型化し，卵へ注射する角度を自由に設定できるようになった．結果的に，DNA の注入が生殖細胞の発生予定領域に正確に行えるようになった．次に行われたのがマーカー遺伝子の改良である．新しいマーカー遺伝子として胚や幼虫の単眼，蛾の複眼で蛍光タンパク質遺伝子を発現するベクターが開発され (Horn et al., 2002 ; Thomas et al., 2002)，卵を孵化させることなく胚の状態で遺伝子組換えカイコを検出できるようになった (図 4.5 b)．これらの改良により，遺伝子組換えカイコを作る効率は飛躍的に高くなり，当初の 0.5〜2.5 ％から 12〜16 ％にまで向上した (表 4.1, 表 4.2)．今日では遺伝子組換えカイコの飼育が可能な施設のある研究であれば，組換えカイコの作出は比較的容易に行うことができるようになっている．

4．絹糸腺の構造と絹の生合成

遺伝子組換えカイコを利用する場合，最も重要な器官は絹を合成する場所である絹糸腺である．カイコの絹の生合成についてはこれまでに多くの研究があり，絹タンパク質遺伝子の発現制御機構はカイコでは最も良く研究が進んでいる分野の 1 つである (Suzuki et al., 1990)．絹糸腺は図 4.7 に示したような構造を有している．カイコが繭を作る時に口から吐き出される糸は繭糸とよばれ，絹の本体であるフィブロインとこれを取り囲むセリシンとよば

図 4.7　終齢後期の幼虫の絹糸腺

れるタンパク質から作られている．大量の絹タンパク質を合成できるようにするため，絹糸腺は終齢の後期に急速に大きくなる．絹糸腺は前部と中部，後部に分けることができる．前部絹糸腺は吐糸するための器官であり，絹タンパク質の合成にはほとんど寄与していない．中部絹糸腺は絹タンパク質の約25％を占め，繊維の外側をコートするような形で取り囲んでいるタンパク質であるセリシンを合成するとともに，後部で合成された絹タンパク質であるフィブロインを貯蔵する器官である．また，後部絹糸腺はフィブロインを合成する器官である．表 4.3 に絹タンパク質と対応する遺伝子を示した．後部絹糸腺で合成されるフィブロインは繭糸の75％を占め，分子量約35万ダ

表 4.3　中部及び後部絹糸腺で作られる主な絹糸タンパク質とその遺伝子

器官	絹糸タンパク質の種類	該当する遺伝子
中部絹糸腺	セリシン (数種類のタンパク質の総称)	セリシン1遺伝子 セリシン2遺伝子など
後部絹糸腺	フィブロインH鎖 フィブロインL鎖 フィブロヘキサマリン	フィブロインH鎖遺伝子 フィブロインL鎖遺伝子 フィブロヘキサマリン遺伝子

ルトンのH鎖が分子量約2万5千ダルトンのL鎖と1：1の分子比でS-S結合し，この結合体に分子量約2万5千のフィブロヘキサマリンが6：1の分子数の比で複合体を形成することによって，絹糸腺の内肛へ分泌されることが知られている（Mori *et al.*, 1995 a ; Inoue *et al.*, 2000）．フィブロインH鎖は絹の繊維としての性質を特徴付ける一次構造を有しており，タンパク質をコードする領域はグリシンとアラニンのコドンを中心とする反復配列から構成されている．フィブロインL鎖遺伝子は多くのイントロンを有している．また，フィブロヘキサリンを含めこれらの遺伝子はいずれも終齢の後期に遺伝子発現量が著しく高くなることが知られている．また，中部絹糸腺で合成されるセリシンはセリンを多く含む数種類のタンパク質の総称で，繭糸を構成するタンパク質の25％を占めている．セリシン遺伝子はセリシン1とセリシン2の2種類がこれまでに報告されている．この遺伝子の特徴は中部絹糸腺特異的に発現していることに加え，セリシン1遺伝子からは少なくとも4種類，セリシン2遺伝子からは2種類のmRNAがスプラインシンクの違いによって作られることである（Couble *et al.*, 1987）．すなわち，フィブロインでは3種類のタンパク質それぞれに該当する遺伝子があって，それぞれのタンパク質が作られるのに対し，セリシンでは2種類の遺伝子によって，少なくとも6種類のタンパク質が作られる．これら遺伝子のプロモーター領域の機能については，セリシン2遺伝子以外は無細胞転写系などを用いて詳しく解析されている．そのため，セリシンやフィブロインH鎖，L鎖，フィブロヘキサマリン遺伝子のプロモーターを遺伝子組換えカイコの絹糸腺で目的遺伝子を発現させるためのベクターに利用することはそれほど難しくない．後述するようにこれらのプロモーター領域は中部絹糸腺や後部絹糸腺において，目的とする組換えタンパク質を生産するために用いられ，導入遺伝子の絹糸腺特異的な発現に有効であることが確かめられている．

5．導入遺伝子の発現制御

　遺伝子組換えを行った個体において，導入した遺伝子を目的組織で発現させるには，前述したように目的組織で大量に発現している遺伝子のプロモー

ターを利用することが必要である．たとえば，絹糸腺で大量に発現させるには絹タンパク質関連の遺伝子のプロモーターが有効と考えられる．カイコでは器官別の EST データベースが作出されており，目的組織で発現させる遺伝子のプロモーターを選抜するために利用することができる (Mita *et al.*, 2003).

また，カイコに導入された遺伝子の発現をさらに効率良く制御する方法の 1 つとして酵母の GAL4/UAS 系が研究され，カイコでも有効であることが証明されている (Imamura *et al.*, 2003)．このシステムは図 4.8 に示したように目的とする組織での発現特性を持つプロモーターの下流に GAL4 をコードしている遺伝子を繋ぎ，遺伝子組換えカイコを作出することによって，目的とする組織で GAL4 を発現する系統を作出する．一方で，GAL4 タンパク質の標的配列 UAS の下流に目的遺伝子を挿入した遺伝子を構築し，この遺伝子を挿入した組換えカイコを作出する．そして，GAL4 と UAS の両系統を交配することによって両方の遺伝子を持つカイコを作出し，目的とする遺伝子を目的とする組織で発現させる方法である．この方法を使う利点は以下の 3 点に要約される．1 つ目は，多くの種類の遺伝子を導入した組み換えカイコを作出することなく，各組織で目的遺伝子を発現させることができることである．すなわち，目的遺伝子をいろいろな組織や時期で発現させ

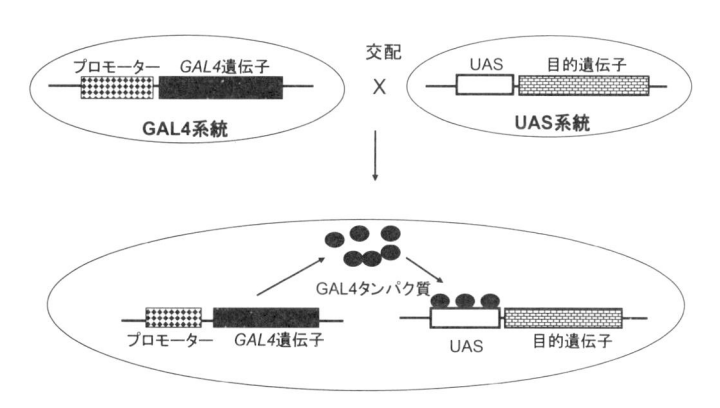

図 4.8　GAL4/UAS 系による導入遺伝子の発現制御

る場合，組織特異的な発現を行うシグナルを持つプロモーターを直接目的遺伝子の上流に繋ぐ方法ではプロモーターごとにベクターを作り，組換え体を作る必要がある．たとえば，5種類の遺伝子を後部絹糸腺，中部絹糸腺，脂肪体，中腸，皮膚の5種類の器官で発現させる場合，少なくとも25種類のベクターと組換え体を作る必要がある．しかし，GAL4/UAS系を利用すれば必要な組換え体の作出はUAS系統5種類とGAL4系統5種類の合計10種類である．また，GAL4系統は一般には系統として確立し，保存しておくことが多いことを考慮すると実質的には5種類で，後はすでに作出されているGAL4系統と交配するだけである．2つ目の利点は導入遺伝子の生産物が毒性を有する場合である．通常のプロモーターの下流に有害な遺伝子を繋ぎ，この遺伝子を導入した組換え体を作った場合，組換え体は目的とする組織で害のある遺伝子産物を作るため死んでしまう．そのため，何度DNAを卵に注射しても遺伝子組換えカイコが得られず，何度も組換え体の作出実験を行った後，最後は作出をあきらめることとなる．そのため，多くの無駄な労力を費すことになるとともに遺伝子の特性に関するデータを得ることもできない．しかし，UASの下流に繋いだ場合，通常の状態ではこの遺伝子は発現しない．そのため組換え体を作出し，系統化することができる．目的遺伝子はGAL4系と交配した場合にのみ発現するため，害のある遺伝子であることが判明するとともに遺伝子作用の研究を行うことも可能である．これらの利点に加えて遺伝子を発現させた場合，GAL4/UASの系では発現量が高くなる傾向がある．とくに活性の弱いプロモーターを用いる場合には遺伝子発現を高める手法として，有効であると考えられる．

　また，導入遺伝子のon/offが可能な系であるTet-offの系がカイコでも利用できることが最近明らかにされた．この系はGAL4と同じように転写制御因子を利用する方法であるが，GAL4とは異なり転写制御因子が抗生物質であるテトラサイクリンとの結合作用を有し，そのためテトラサイクリンの存在下では標的配列に結合せず，遺伝子の発現を誘導しない．このような特性を利用することにより，カイコに導入された目的遺伝子の発現を一時的にoffにすることができる．このように遺伝子組換えカイコにおける遺伝子

発現の制御を行う上での自由度はさらに高くなっており，利用範囲がさらに拡大されることが期待される．

6．カイコを利用した組換えタンパク質の生産

　遺伝子組換えカイコを利用した有用物質の生産では，医薬品などの生産に注目が集まり，最近では幾つかの企業が研究に参画し，実用化に向けた研究が進められている．カイコを利用して有用物質を生産する系として最初に開発されたのはフィブロインL鎖遺伝子を用いた系である．フィブロインL鎖遺伝子のプロモーターの下流にL鎖cDNAを繋ぎ，その下流に目的遺伝子を繋いだものである．この遺伝子を利用した最初の研究として，ヒトのコラーゲンを遺伝子組換えカイコで生産させた例がある (Tomita et al., 2003)．コラーゲンは細胞外のマトリックスを形成し，生体中のタンパク質では最も量の多いものである．このタンパク質は多くの医療目的に用いられ，組織適合性が高いという性質を利用して，再生医療のための細胞培養や医薬の投与，化粧品などに利用されている．しかしながら，現在用いられているコラーゲンの大部分はウシから抽出されたもので，プリオンなどの病原体の混入やアレルギーを引き起こすなどの問題がある．そのため，組換え体を利用したヒト型のコラーゲンの生産が試みられているがまだ十分な成果を挙げていない．組換えカイコを用いてコラーゲンを作出した例ではフィブロインL鎖のプロモーターを利用し，L鎖フィブロインのcDNAの後端にコラーゲン遺伝子が繋げられたベクターが用いられた．この遺伝子が導入された組換えカイコはコラーゲンの一部ではあるが，後部絹糸腺中で大量に発現し腺肛内に分泌し，繭糸中にでることが示されている．また，このフィブロインL鎖遺伝子の系を使った例としてはフィブロネクチンやコラーゲンの一次構造から得られるDNA配列を合成して繋ぐことにより，遺伝子組換えカイコから得られるフィブロインの細胞接着性を向上させた例がある．また，フィブロインL鎖遺伝子に異常のある突然変異系統を利用することにより，組換えタンパク質の相対的な量を増やすことができることが報告されている (Inoue et al., 2005)．フィブロインH鎖遺伝子についても同様の研究があり，後部

絹糸腺において組換えタンパク質の大量生産のためのプロモーターとして利用可能であることがわかっている．また，フィブロヘキサマリン遺伝子を用いた例では，遺伝子の一部を改良することにより，大量の組換えタンパク質を繭糸中に分泌できることが報告されている（Royer et al., 2005）．セリシン遺伝子の利用についても研究が進み，中部絹糸腺の細胞は後部絹糸腺の細胞とは分泌特性が異なること，絹糸腺からのタンパク質の回収が容易なことから，サイトカインや抗体，酵素などの活性のあるタンパク質の生産が試みられている（山田ら，2003；田村，2004）．

また，遺伝子組換えカイコを用いて新しい繊維を作る研究も進んでいる．これには上記のフィブロイン L 鎖や H 鎖の遺伝子を利用した遺伝子発現系を使用し，クモなどの自然界に存在する特殊な一次構造をコードする DNA 配列を挿入し，カイコの生体内で発現させる方法や人工的に設計した配列を挿入する方法が適用されている．いずれも，絹タンパク質の一次構造の改変を目指しており，これまでにない新しい絹の作成が期待されている（田村，2003）．

7. 昆虫特異的な遺伝子機能の解析

近年，カイコにおいてもゲノム研究が進み，EST データベース，DNA チップ，ホールゲノムショットガンシークエンスが行われゲノムの全構造が明らかにされようとしている（Mita et al., 2004）．遺伝子組換えカイコを利用した遺伝子機能解析システムの整備はゲノムのデータベースの利活用を計る上で不可欠であると考えられる．

すでに，突然変異 Nd-s では正常型のフィブロイン L 鎖遺伝子を導入することにより，突然変異を回復させることができることが報告されている（Inoue et al., 2005）．また，キヌレニン酸化酵素の異常が原因で白卵になる突然変異第一白卵においても正常型の酵素遺伝子を導入し，発現させることにより，正常型である褐色卵を産卵させることに成功している（Quan et al., 2006）．また，性決定遺伝子の研究についても遺伝子組換えカイコが利用されている．カイコの性決定には doublesex と呼ばれる遺伝子が関与し，雌と

雄の細胞ではスプライシングの違いによって，雌型と雄型の *doublesex* の mRNA が作られる．そこで雌型の mRNA を作るカイコ *doublesex* 遺伝子を導入した組換えカイコを作出し，カイコ雄で発現させた場合，雄では発現しない遺伝子が，組換え体で発現し，一部ではあるが雌化することが報告されている（Suzuki *et al.*, 2003）．さらに，雄でのみ発現する雄型の同遺伝子を導入し，雌で発現させた場合，生殖器などの外部部形態の一部に雄型のものが出現することから，この組換え体では雌が雄化する（Suzuki *et al.*, 2005）．また，性決定遺伝子 *doublesex* の性特異的なスプライシング機構の研究に組換え体は有効であることが報告されている（Funaguma *et al.*, 2005）．ウィルス関連の研究にも有効で，核多角体病に耐性の品種を作る研究にも利用されている（Yamada *et al.*, 2002 ; Isobe *et al.*, 2004）．農家でカイコを大量に飼育する場合，最も重大な被害を及ぼす病気は多角体病ウィルスによるものである．この病気に対してはホルマリンなどで徹底的に飼育場所を消毒する以外には防除する手段はなく，この病気に抵抗性のあるカイコの作出が強く求められてきた．しかし，既存のカイコには抵抗性の遺伝子は存在しないため，抵抗性の品種を作ることはできなかった．本研究では RNAi を利用してウィルスの増殖を抑えることが可能であることが示された．さらに，ホルモン関連の遺伝子の研究では幼弱ホルモン（JH）の作用機構の研究に組換えカイコが用いられている（Tan *et al.*, 2005）．昆虫の脱皮や蛹化は幼若ホルモンと脱皮ホルモンであるエクダンによって制御されている．これらのホルモンの作用については近年分子レベルで多くの研究が行われるようになったが，エクダインの研究に比べると幼若ホルモンの研究は遅れている．この研究では JH を分解する酵素である JH エステラーゼ遺伝子の発現制御系に *GAL4/UAS* 系が用いられ，遺伝子の強制発現による生体内の JH の分解とその影響が調べられた．その結果，胚期や幼虫期でのこの遺伝子を発現している組換えカイコでは 3 齢で蛹化し，JH エステラーゼの活性をコントロールすることにより，通常より早い時期に蛹化させうることに成功した．また，最近では遺伝子の網羅的な解析系としてエンハンサートラップ系がカイコでも開発され，遺伝子の網羅的な解析に利用されようとしている．カイコの場合，エ

ンハンサー活性をトラップするミューテーターの構造についてはさらに検討する必要がある (Uchino *et al.*, 2006 b) が，この系は効率的に遺伝子機能を解析するためには不可欠であり，今後の研究の進展が期待されている．

8．おわりに

最初にトランスポゾンを用いて遺伝子組換えカイコが作出されたのは1998年の秋である．以後急速にこの技術は改良され，容易に，再現性良く遺伝子組換えカイコを作出する方法として確立され，今日では産業目的にも利用されるようになってきた．カイコは日本では多くの研究蓄積があることから，この分野では世界的に有利な立場にあるといえる．たとえば，飼育方法をとってみると，日本では人工飼料を容易に入手することができるが，海外で良い人工飼料を入手し，組換えカイコの作出と維持をするための飼育体系を作ることは難しい．また，系統についても日本には種々の特徴のある実用品種や突然変異系統が保存され，目的に応じて利用できるが，海外ではこれらの品種の利用は簡単ではない．とくに，産業目的に利用する場合，ハードルはさらに高くなる．研究については遺伝子組換えカイコの作出系が確立したことにより，多くの新しい研究を行うことが可能になった．また，産業的な利用についても展望が開けつつある．加えて，ゲノム研究が進展したことにより，各種の機能を持つ遺伝子の同定が今後ますます進むと考えられる．これらの遺伝子の機能解明や産業的な利用に本手法はさらに重要性を増すと予想される．これらの要求に対処するためにも，今後遺伝子導入法のさらなる改良や相同組換えなどの新しい手法の開発が大切になると予想され，これらについての研究が進むことが望まれる．

引用文献

Couble, P., J.J. Michaille, A. Garel, M.L. Couble and J.C. Prudhomme 1987. Developmental switches of sericin mRNAs splicing in individual cells of *Bombyx mori* silk gland. Developmental Biology 124 : 431-440.

Funaguma, S., M.G. Suzuki, T. Tamura and T. Shimada 2005. The *Bombyx* transgene including trimmed introns is sex-specifically spliced in tissues of the silkworm, B*ombyx mori*. Journal of Insect Science 5 : 18.

Handler, A.M. 2002. Use of the *piggyBac* transposon for germ-line transformation of insects. Insect Biochem Mol Biol 32 : 1211-1220.

Horn, C., B.G. Schmid, F.S. Pogoda and E.A. Wimmer 2002. Fluorescent transformation markers for insect transgenesis. Insect Biochem. Mol. Biol. 32 : 1221-1235.

Imamura, M., J. Nakai, S. Inoue, G.X. Quan, T. Kanda and T. Tamura 2003. Targeted gene expression using the GAL4/UAS system in the silkworm *Bombyx mori*. Genetics 165 : 1329-1340.

Inoue, S., K. Tanaka, F. Arisaka, S. Kimura, K. Ohtomo and S. Mizuno 2000. Silk fibroin is of *Bombyx mori* is secreted, assembling a high molecular mass elementary unit consisting of H-chain, L-chain, and P25, with a 6 : 6 : 1 molar ratio. J. Biol. Chem. 275 : 40517-40528.

Inoue, S., T. Kanda, M. Imamura, G.X. Quan, K. Kojima, T. Tanaka, M. Tomita, R. Hino, K. Yoshizato, M. Mizuno and T. Tamura 2005. A fibroin secretion-deficient silkworm mutant, *Nd-sD*, provides an efficient system for producing recombinant proteins. Insect Biochem. Mol. Biol. 35 : 51-59.

Isobe, R., K. Kojima, T. Matsuyama, G.X. Quan, T. Kanda, T. Tamura, K. Sahara, S.I. Asano and H. Bando 2004. Use of RNAi technology to confer enhanced resistance in BmNPV on transgenic silkworm. Arch. Virol. 149 : 1931-1940.

神田俊男・田村俊樹 1991. 空気圧を利用したカイコ初期胚への微量注射法,, 蚕糸昆虫研報 3 : 31-46.

Mita, K., M. Morimyo, K. Okano, Y. Koike, J. Nohata, H. Kawasaki, K. Kadono-Okuda, K. Yamamoto, M.G. Suzuki, T. Shimada, M.R. Goldsmith and S. Maeda 2003. The construction of an EST database for *Bombyx mori* and its application. Proc. Natl. Acad. Sci. USA 100 : 14121-14126.

Mita, K., M. Kasahara, S. Sasaki, Y. Nagayasu, T. Yamada, H. Kanamori, N. Namiki, M. Kitagawa, H. Yamashita, Y. Yasukochi, K. Kadono-Okuda, K.

Yamamoto, M. Ajimura, G. Ravikumar, M. Shimomura, Y. Nagamura, I.T. Shin, H. Abe, T. Shimada, S. Morishita and T. Sasaki 2004. The genome sequence of silkworm, *Bombyx mori*. DNA Res. 11 : 27-35.

Mori, K., K. Tanaka, Y. Kikuchi, M. Waga, S. Waga and S. Mizuno 1995 a. Production of a chimeric fibroin lught-chain polypeptide in a fibroin secretion-deficient naked pupa mutant of the silkworm *Bombyx mori*. J. Mol. Biol. 251 : 217-228.

Mori, H., M. Yamao, H. Nakazawa, Y. Sugahara, N. Shirai, F. Matsubara, M. Sumida and T. Imamura 1995 b. Transovarian transmission of a foreign gene in the silkworm, *Bombyx mori*, by Autographa californica nuclear polyhedrosis virus. Biotechnology 13 : 1005-1007.

Nagaraju, J., T. Kanda, K. Yukuhiro, G. Chavancy, T. Tamura and P. Couble 1996. Attempt of transgenesis of the silkworm (*Bombyx mori* L.) by egg-injection of foreign DNA. Appl. Entomol. Zool. 31 : 589-598.

Nawa, S., B. Sakaguchi, M. Yamada and M. Tsujita 1971. Heredity change in *Bombyx* after treatment with DNA. Genetics 58 : 573-584.

Royer, C., A. Jalabert, M. Da Rocha, A.M. Grenier, B. Mauchamp, P. Couble and G. Chavancy 2005. Biosynthesis and cocoon-export of a recombinant globular protein in transgenic silkworms. Transgenic Res. 14 : 463-472.

Quan, G.X., I. Kobayashi, K. Kojima, K. Uchino, T. Kanda, H. Sezutsu, T. Shimada and T. Tamura 2006. Rescue of *white egg 1* mutant by introduction of the wild-type *Bombyx* kynurenine 3-monooxygenase gene. Insect Science, in press.

Shimizu, K., M. Kamba, H. Sonobe, T. Kanda, A.G. Klinakis, C. Savakis and T. Tamura 2000. Extrachromosomal transposition of the transposable element Minos occurs in embryos of the silkworm *Bombyx mori*. Insect Mol. Biol. 9 : 277-281.

Suzuki, Y., S. Takiya, T. Suzuki, C.C. Hui, K. Matsuno, M. Fukuta, T. Nagata and K. Ueno 1990. Developmental regulation of silk gene expression in *Bombyx mori*. In Hagedorn, H.H., M.G. Hildebrand, M.G. Kidwell, and J.H. Law eds., Molecular Insect Science. Plenum, New York. 83-89.

Suzuki M.G., S. Funaguma, T. Kanda, T. Tamura and T. Shimada 2003. Analysis of the biological functions of a doublesex homologue in *Bombyx mori*. Dev. Genes 213 : 345-54.

Suzuki, M., S. Funaguma, T. Kanda, T. Tamura and T. Shimada 2005. Role of the male BmDSX protein in the sexual differentiation of *Bombyx mori*. Evolution and Development 7 : 58-68.

田村俊樹 2000.トランスジェニックカイコ：現状と展望. 日蚕雑 69 : 1-12.

Tamura, T., T. Kanda, S. Takiya, K. Okano and H. Maekawa 1990. Transient expression of chimeric CAT genes injected into early embryos of the domesticated silkworm, *Bombyx mori*. Jpn. J. Genet. 65 : 401-410.

Tamura, T., C. Thibert, C. Royer, T. Kanda, E. Abraham, M. Kamba, N. Kômoto, J.L. Thomas, B. Mauchamp, G. Chavancy, P. Shirk, M. Fraser, J.C. Prudhomme and P. Couble 2000. A *piggyBac*-derived vector efficiently promotes germ-line transformation in the silkworm *Bombyx mori* L., Nature Biotechnology 18 : 81-84.

Tamura, T., G.X. Quan, T. Kanda and N. Kuwabara 2001. Transgenic silkworm research in Japan : Recent progress and future. Proceeding of Joint International Symposium of Insect COE Research Program and Insect Factory Research Project. 77-82.

田村俊樹 2003.遺伝子組換えカイコと新繊維，高分子 52 : 822-825.

田村俊樹 2004.組換え体カイコを利用した有用物質の生産系の開発とその展望，バイオインダストリー 20 : 28-35.

田村俊樹 2006.組換え体を利用した昆虫工場の現状と展望，農業技術 61 : 16-20.

Tan, A., H. Tanaka, T. Tamura and T. Shiotusuki 2005. Precocious metamorphosis in transgenic silkworms overexpressing juvenile hormone esterase. Proc. Nati. Acad. Sci .USA 102 : 11751-711756.

Thomas, J.L., M. Da Rocha, A. Besse, B. Mauchamp and G. Chavancy 2002. 3xP3-EGFP marker facilitates screening for transgenic silkworm *Bombyx mori* L. from the embryonic stage onwards. Insect Biochem. Mol. Biol. 32 : 247-53.

Tomita, M., H. Munetsuna, T. Sato, T. Adachi, R. Hino, M. Hayashi, K. Shimizu,

N. Nakamura, T. Tamura and K. Yoshizato 2003. Transgenic silkworms produce recombinant human type III procollagen in cocoons. Nat. Biotechnol. 21 : 52-56.

Uchino, K., M. Imamura, K. Shimizu, T. Kanda and T. Tamura 2006 a. Germ line transformation of the silkworm, *Bombyx mori*, using the transposable element minos. Molec. Genom. Genetics, inpress.

Uchino, K., M. Imamura, H. Sezutsu, I. Kobayashi, K. Kojima, T. Kanda and T. Tamura 2006 b. Evaluating promoter sequences for trapping an enhancer activity in the silkworm *Bombyx mori*. J. Insect Biotechnol. Sericol. 75 : 89-97.

Yamada, Y., T. Matsuyama, G.X. Quan, T. Kanda, T. Tamura, K. Sahara, S. Asano and H. Bando 2002. Use of an N-terminal half truncated IE1 as an antagonist of IE1, an essential regulatory protein in baculovirus. Virus Res. 90 : 253-61.

山田勝成・田中　貴・平松紳吾・田村俊樹 2003. 絹糸中に生理活性タンパク質を産生する組換えカイコの作出, ブレインテクノニュース 97 : 6-10.

Yamao, M., N. Katayama, H. Nakazawa, M. Yamakawa, Y. Hayashi, S. Hara, K. Kamei and H. Mori 1999. Gene targeting in the silkworm by use of a baculovirus. Genes Dev. 13 : 511-516.

第 5 章
単離生殖細胞からの魚類個体の作出：
細胞を介した遺伝子導入技法の樹立をめざして

吉崎 悟朗*・竹内 裕・奥津 智之
東京海洋大学海洋科学部

1. はじめに

　試験管内で培養している細胞に外来遺伝子を導入し，得られた形質転換細胞を個体に改変することが可能となれば，種々の複雑な遺伝子改変技術を個体レベルに応用することが可能になる．本技術を用いた良い例が，マウスの胚性幹細胞（ES 細胞）を用いたノックアウト個体の作出であろう．本法ではまず，試験管内で培養している ES 細胞にターゲティングベクターを導入し，相同遺伝子組換えを誘起することで標的遺伝子を破壊する．この相同遺伝子組換えは，非相同遺伝子組換えの数千分の 1 から数万分の 1 の割合でしか生じないため，相同遺伝子組換えを起こした細胞のみを，薬剤選抜により試験管内で濃縮する必要が生じる．ここで選抜された細胞，すなわち相同遺伝子組換えにより標的遺伝子が破壊された細胞から個体を作製すれば，ノックアウト個体が誕生するわけである．試験管内で培養している細胞を個体へと改変するためには，まず選抜された ES 細胞をマウスの胚盤胞へと移植する．この操作により，宿主胚自身の細胞と移植された ES 細胞の両者から構成されるキメラマウスが生じる．さらに，このキメラマウスの生殖腺内では，宿主自身の配偶子と移植された ES 細胞由来の配偶子が混在することとなる．

＊ 平成18年度日本農学会シンポジウム「動物・微生物における遺伝子工学研究の現状と展望」講演者

そこで，ES細胞由来の配偶子を使って次世代個体を作成することで，標的遺伝子が破壊された染色体をヘテロに持つ個体が得られる．さらに，これらの個体を交配することで，標的遺伝子が完全に破壊されたホモ個体を得ることが可能となる．この培養細胞から個体を作る技術，言い換えれば，配偶子になる能力を兼ね備えたES細胞の樹立こそが本実験系の要であるが，残念ながらこのようなES細胞は一部のマウス系統のみで樹立されているに過ぎない（岩倉，2002）．同様のノックアウト個体は通常の培養細胞（配偶子への分化能を兼ね備えていない細胞）で相同遺伝子組換えを誘起してから選抜し，得られた細胞の核を受精卵へ移植することによっても作出可能である．しかし，現時点ではマウスのES細胞を用いた系に比べ，効率面で問題が残るうえ，特殊な技術を必要とするために一般的な手技とはいえない状況にある．

2．魚類における研究の現状

魚類においてもマウスと同様にノックアウト個体が作出可能になれば，メダカやゼブラフィッシュなどを用いた基礎生物学が飛躍的に進展するものと期待されている．従来，魚類個体への遺伝子導入は受精卵へ外来遺伝子を顕微注入する方法によりなされてきた．しかし，この方法で作出した遺伝子導入魚においては，外来遺伝子が宿主の染色体中にランダムに挿入されるため（非相同遺伝子組換えによる），これが内在性の遺伝子に予測不可能な影響を与えることが危惧されている（Yoshizaki, 2001）．とくに遺伝子導入個体を食品として利用することを検討する際に，この点は常に問題視されている課題である．しかし，前述の相同遺伝子組換えを駆使して外来遺伝子を培養細胞へ導入する方法では，宿主染色体の狙った位置に必要なコピー数の外来遺伝子を挿入することが可能であるため，上記の問題を回避することも可能である．実際に世界各国で1990年代から，メダカやゼブラフィッシュを用いたES細胞の樹立の試みが盛んになされてきた．これら魚類のES細胞は，種々の体細胞へは分化可能であることが示されているものの，再現性良く配偶子へ分化することが可能な細胞株は全く樹立されていない．したがって，今までに樹立されてきた魚類ES細胞は，ある程度の多分化能は有している

ものの，配偶子への分化能を有していないと考えることができる（Yoshizaki et al., 2003）．

臓器の試験管内での発生研究や再生医療を目的とした場合，ES 細胞には全能性が要求されるが，細胞を介した遺伝子導入に用いることのみを目的とした場合，その材料とすべく細胞に全能性はまったく必要なく，配偶子への分化能のみが必要となる．そこで筆者らは，実験に用いる細胞として適切な材料は，全能性を有している初期胚の未分化細胞ではなく（すなわち ES 細胞の樹立ではなく），すでに配偶子へ分化することが運命付けられている始原生殖細胞であると考え，始原生殖細胞の標識，単離，宿主個体への移植，培養などの実験を行ってきた．始原生殖細胞とは，性分化期以前の動物が保持する性的に未分化な生殖細胞のことを指し，魚類の場合は遺伝的性に関わらず生殖腺内の微細環境に応じて，卵にも精子にも分化する能力を保持する細胞である．本章ではこれら始原生殖細胞を用いた一連の研究について概説するとともに，魚類の生殖細胞を用いた実験系の様々な応用の可能性を紹介する．

3．始原生殖細胞の単離

筆者らが研究を開始した当初，魚類の始原生殖細胞を単離する方法は全く開発されていなかった．そこで，始原生殖細胞を生きたままの状態で可視化することを試みた．すでにショウジョウバエからヒトまでの幅広い動物種において，vasa 遺伝子が始原生殖細胞を含む生殖系列の細胞で特異的に発現することが知られていたため，筆者らは vasa 遺伝子のニジマスホモログを単離し，その発現解析を行った．その結果，ニジマスにおいても vasa 遺伝子は始原生殖細胞で特異的に発現しており，本細胞のマーカー分子となりうることが確認された（Yoshizaki et al., 2000 a）．vasa 遺伝子が始原生殖細胞で特異的に発現していたという事実は，この遺伝子の発現制御領域が始原生殖細胞で特異的に活性化されていることを意味している．そこで，筆者らはニジマス vasa 遺伝子の発現制御領域を単離し，これを緑色蛍光タンパク質（GFP）遺伝子に接続した組換え DNA を作成し，マイクロインジェクション

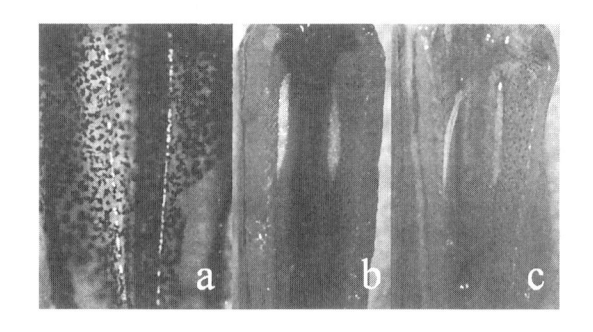

図5.1 *Gfp* 遺伝子により生殖細胞を可視化した遺伝子導入ニジマス
a) 孵化稚魚, b) 雌成魚, c) 雄成魚の各開腹像

法によりニジマス受精卵に導入した (Yoshizaki *et al.*, 2000 b). すなわち, *vasa* 遺伝子の発現制御領域が *Gfp* 遺伝子を始原生殖細胞で特異的に発現させることにより, 始原生殖細胞を緑色蛍光で可視化できると考えたのである. 魚類の場合, 遺伝子をマイクロインジェクションした卵に由来する第1世代では, そのほとんどの個体で外来遺伝子を保持する細胞がモザイク状に分布する (吉崎, 2002). そこで, F2世代を用いて蛍光観察を行った結果, 図5.1 a に示したように, 得られた遺伝子導入ニジマスの始原生殖細胞で特異的に緑色蛍光が認められた. 前述のように *vasa* 遺伝子は発生が進んだ後も生殖系列で特異的に発現するため, ニジマス成魚雌においては卵原細胞, 卵母細胞, 雄においては, 精原細胞で特異的な緑色蛍光が認められた (図5.1 b, c) (Takeuchi *et al.*, 2002).

ここまでの実験でニジマスの始原生殖細胞を可視化することに成功したため, 続いてこれらの細胞を単離する技法の開発を行った. この実験には, 個々の細胞が発する蛍光強度を測定し, その強度ごとに細胞を分取するフローサイトメーターと呼ばれる装置を用いた. まず, 孵化直後の稚魚から始原生殖細胞が発する蛍光を指標に未熟な生殖腺を単離し, 細胞間接着をトリプシンで溶解することで, 生殖腺を個々の細胞にまで解離した. 得られた細胞懸濁液をフローサイトメーターに供し, 個々の細胞が発する蛍光強度分布をプロットした結果が図5.2 a である. このように蛍光を発してない生殖腺

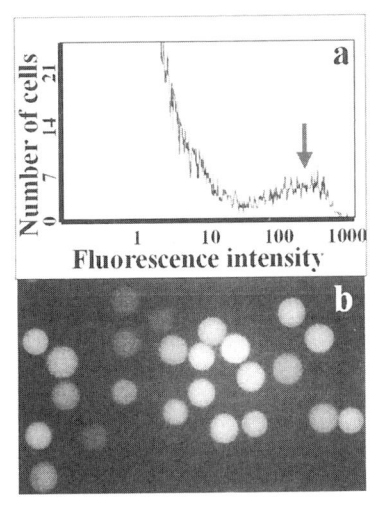

図5.2 フローサイトメーターによるニジマス始原生殖細胞の単離
a) 蛍光細胞の分布．矢印は始原生殖細胞集団，b) 単離した始原生殖細胞．

体細胞の集団（図中左側のピーク）に加え，明瞭な蛍光を発している始原生殖細胞の集団（図中矢印）を検出することができた．そこで，これらの細胞を分取した結果，直径が 20 μm 程度で大型の核を有し，さらに細胞質内に大量の顆粒を含むという，始原生殖細胞の特徴的な形態を有した細胞集団を得ることができた（図 5.2 b）（Takeuchi *et al*., 2002；Kobayashi *et al*., 2004）．なお，トリパンブルー染色により細胞の生残を調査した結果，ほとんどの細胞が生残していることも確認できた．

4．始原生殖細胞の移植

　前項までの実験で，下等脊椎動物では初めて生きた始原生殖細胞を大量に調整する方法を樹立した．前述のように細胞を介した遺伝子導入の系を構築するためには，この次に2つの技術が必要となる．まず1番目は，得られた始原生殖細胞をいかに試験管内で培養し，増殖させる系を構築するかである．2番目は，1度単離した始原生殖細胞をどのようにして受精可能な配偶子に改変するかである．そこで，まずこの2番目の課題に取り組んだ．実験着手当初，生体外へ単離した始原生殖細胞から，機能的な配偶子を試験管内で作出する技術は全く開発されていなかった．そこで，単離した始原生殖細

胞を再び宿主個体内に移植することで,移植細胞を卵や精子にまで改変する技術の開発を行った.

ニジマスにおいてはヌードマウスのように免疫不全の系統が存在していないため,細胞を成魚に移植した場合,移植した始原生殖細胞は宿主の免疫系により拒絶されてしまう.そこで,筆者らは,未だ免疫系が完成しておらず,胸腺やT-細胞の分化が未熟な孵化直後の稚魚(Manning and Nakanishi, 1996)を宿主に用いることを考えた.しかし,これらの孵化稚魚はその全長が1.5 cm程度ときわめて小さく,その未熟生殖腺内にニジマスの生殖細胞を移植することは物理的に困難であった.そこで筆者らは,発生過程における生殖腺の形成機構に注目した.魚類に限らず,動物の生殖腺原基は,初めは生殖細胞を持たない状態で形成される.その後,別の部位で分化した始原生殖細胞が生殖腺原基へと移動し,そこに取り込まれることで初めて生殖細胞と体細胞の両者を保持する完全な生殖腺原基が完成する.すなわち,生殖腺外で生まれた始原生殖細胞は,自分の将来の住処である未熟生殖腺の位置を探し出し,そこに向かって移動することができる細胞なのである(Yoshizaki et al., 2002).そこで,筆者らは前述の緑色蛍光で標識したニジマスの始原生殖細胞を10〜20細胞ずつ,孵化直後のニジマス稚魚の腹腔内に顕微注入した(図5.3)(Takeuchi et al., 2003).移植後10日目に宿主個体を開腹し,蛍光観察を行った結果,ドナー由来の緑色の始原生殖細胞が宿主の生殖腺近傍の腹壁に接着している様子が頻繁に観察できた.さらに,興味深いことに,この移植された始原生殖細胞は仮足と呼ばれる構造を有し,アメーバのようにその形を変えながら盛んに移動している様子が認められた.そこで,細胞移植後30日目に別の宿主個

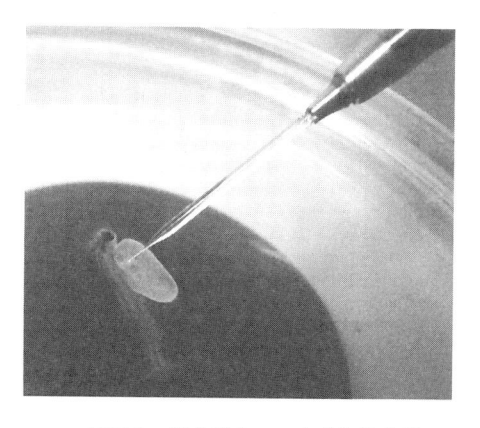

図5.3 孵化稚魚への生殖細胞移植

体を開腹し，移植細胞の挙動を追跡したところ，緑色蛍光を発するドナー始原生殖細胞が間違いなく宿主の生殖腺に取り込まれている様子が観察された（図5.4）．これらの個体をさらに半年間飼育した結果，雄個体ではドナー由来の始原生殖細胞が精原細胞にまで分化し，大量に増殖している様子が観察された．一方，雌個体ではその卵巣の一部に緑色蛍光を発する卵母細胞の集団を観察することができた．このことは移植された始原生殖細胞は拒絶されることなく宿主の生殖腺に生着し，そこで増殖した後，分化も開始しているということを示唆している．

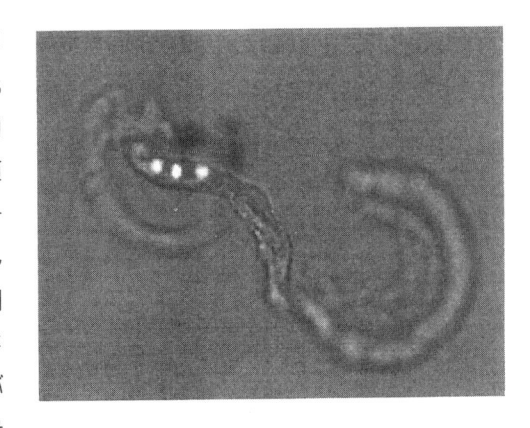

図5.4 宿主生殖腺に取り込まれたドナー由来の始原生殖細胞（緑色蛍光を発している）

次の疑問は，これらのドナー由来の生殖細胞が宿主の生殖腺内で機能的な卵や精子にまで分化するかという点である．そこで，これらの宿主個体を2～3年間飼育することで成熟させ，得られた配偶子を用いて交配実験を行った．この実験では，ドナーと宿主由来のF1個体を区別するため，移植に用いるドナー細胞は，*vasa-Gfp*遺伝子を導入した優性アルビノ個体を用いた．一方，宿主には通常の色素を有する野生型個体を用いた．始原生殖細胞の移植を施した宿主個体から得られた配偶子は，通常の個体から得られた配偶子と受精させた．作出したF1世代では，黒色素を保持する野生型個体に混ざって，約4％の割合でアルビノ個体を得ることができた．さらに，これらのアルビノ個体の生殖腺を蛍光観察したところ，これらのアルビノ個体が*Gfp*遺伝子を保持していることが明らかとなった．この事実は，ドナー由来の始原生殖細胞が宿主の生殖腺内で増殖・分化した結果，機能的な配偶子を生産したことを意味している．以上のように，始原生殖細胞を異系統の孵化稚魚腹腔内に移植した場合でも，移植細胞は拒絶されることなく宿主の生殖腺に

取り込まれ，そこでドナー由来細胞に起源する配偶子形成が行われることが明らかとなった．

5．始原生殖細胞の異種間移植

　前述の実験で，試験管内に単離した始原生殖細胞を個体に改変する技術が完成したわけであるが，この移植技法が異種間で成立すれば，最初に述べたES細胞の代用としての利用以外にも様々な応用が考えられる．たとえば，サバやアジ（体重：数百g）のように小型で飼育が容易な魚種に，クロマグロ（体重：数百kg）のような大型魚の卵や精子を生産させることができれば，クロマグロ種苗の生産が飛躍的に簡略化されることが期待できる．すなわち，従来のマグロの種苗生産には，巨大なアミイケスを用いてクロマグロの親魚を飼育する必要があったが，本技法が実用化すれば陸上の小型水槽でもクロマグロの種苗が生産可能となり，その結果クロマグロの親魚を飼育するスペースやコスト，手間を大幅に削減することができると期待される．

　そこで，本実験では移植細胞を調整するドナー種にニジマス（*Oncorhynchus mykiss*）を，宿主にはヤマメ（*Oncorhynchus masou*）を用いて異種間の生殖細胞移植を行った．なお，ニジマスは太平洋の東側，すなわち北米大陸の西海岸に分布する種であり，ヤマメは太平洋の西側，すなわち東アジアに分布する．また，これら両種の遺伝的距離は約800万年と見積もられており（McKay *et al*., 1996），これらの種間雑種はニジマス卵を用いた場合に限り，孵化後まで生き残るが，卵黄吸収完了前後に全滅することが知られている．移植実験には前述のニジマス異系統間での移植実験と同様に *vasa-Gfp* 遺伝子を導入したニジマスをドナーに用い，孵化直後のヤマメ稚魚腹腔内に細胞移植を施した（Takeuchi *et al*., 2004）．得られた宿主ヤマメを1年間飼育した結果，37尾の雄ヤマメが成熟したため，精液をサンプリングし，ドナーのみが保持している *Gfp* 遺伝子に対するプライマーを用いてPCRスクリーニングを行った．その結果，これらの雄ヤマメのうち5尾において *Gfp* 遺伝子断片の増幅が認められた．このことは，これら5尾のヤマメ宿主がニジマスの精子を生産したことを示唆している．さらに，得られた精液を，通

常のニジマス卵に媒精することで交配実験を行った．前にも述べたように，ニジマス卵にヤマメ精子が受精した場合，孵化はするものの卵黄吸収を完了する前に全滅する．一方，ドナー始原生殖細胞に由来する通常のニジマス精子が生産されていた場合，これがニジマス卵と受精することにより純粋なニジマスが生まれてくることが予想される．実際にヤマメ宿主から得られた精液をニジマス卵に受精させることで作出した F1 個体（受精後 34 日齢）の写真を図 5.5 に示した．多くの個体は孵化が大幅に遅れており，34 日までに孵化には至らなかったが，図中の矢印で示した個体は通常のニジマスと全く同じタイミングで孵化した．また，これらの個体の生殖腺を蛍光観察した結果，間違いなく GFP 標識された生殖細胞で満たされていることが確認された．さらに，DNA 解析による親子鑑定の結果でも，これらの孵化稚魚は間違いなくニジマスゲノムのみを保持していること，すなわちニジマス由来の卵と精子が受精して生まれてきた個体であることを確認できた．以上の結果から，筆者らは，生殖細胞の異種間移植によりドナー種に由来する機能的な配偶子を得，これを用いて正常な次世代個体を生産することに成功した．異種間での生殖細胞移植により，得られた配偶子が正常な機能を保持し，正常な次世代個体を生産した例は全動物種を通じて初めての報告であった．なお，最近になって，マウスの精細管内にラットの生殖細胞を移植することで，正常なラット精子を生産し，これを顕微授精に用いることで正常なラット次世代の作出に成功したという例が報告されており（Shinohara et al., 2006），異種間での生殖細胞移植は幅広い動物種で可能であることが示唆されている．

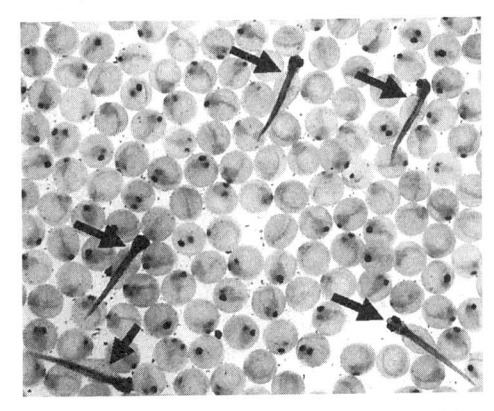

図 5.5　ヤマメ親魚から生まれたニジマス稚魚（矢印）

6. 凍結細胞からの個体の再生

　上記のような技術が開発された段階で，筆者らは始原生殖細胞移植技術を魚類遺伝子資源の保全に応用できないかと考えた．魚類の精子は哺乳動物で用いられている方法と同様の方法で凍結保存が可能であるが，魚卵はその直径が大きいうえ（哺乳動物の卵は $100 \mu m$ 以下であるが，魚卵は 1 mm 以上のものが多い），脂肪分に富むため，その凍結がきわめて困難であると考えられている．実際に，凍結保存した魚卵から長期間生残可能な個体を再生した報告は1例もない．当然，受精卵や発生途上の胚の凍結保存も同様の現状である．このことは，たとえ絶滅の危機に瀕している魚種がいても，これらの遺伝子資源を半永久的に保存する技術が存在しないことを意味している．実際に，絶滅危惧種の保全には環境の保護と同時に，都道府県の水産試験場などで個体を継代飼育するという方式が用いられている．しかし，この方法は長期的に多大な労力やコストが必要なうえ，感染症による疾病の発生や，飼育施設の事故（入水の停止やエアレーション装置の故障による事故は珍しくない）により，貴重な遺伝子資源を失ってしまうリスクを常にかかえている．

　筆者らは，魚類の始原生殖細胞は卵へも精子へも分化可能であることから，始原生殖細胞の凍結保存技術を開発することは，卵と精子の両者を凍結保存することと同じ意義があるものと考えた．そこで，孵化稚魚から単離した未熟な生殖腺を液体窒素内で凍結保存する技術の開発に着手した．種々の凍結保護剤と凍結条件を検討した結果，1.8 mM のエチレングリコール存在下で -80 ℃まで緩慢凍結を行い，その後液体窒素に移すことで高い生残率で始原生殖細胞を凍結できることが明らかになった（Kobayashi *et al*., 2006）．

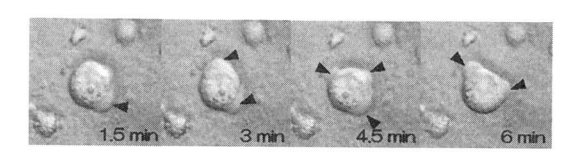

図5.6　凍結・融解後のニジマス始原生殖細胞
　　　　仮足を伸長している（矢頭）．

さらに，融解した未熟生殖腺をトリプシンで解離し，顕微鏡観察を行ったところ，解凍した始原生殖細胞が仮足を盛んに伸長してシャーレ上を移動している様子が観察された（図5.6）．そこで，これらの解凍始原生殖細胞を宿主の腹腔内に移植した結果，生細胞を移植した

図5.7 凍結細胞に由来するニジマス

際と同様に宿主生殖腺に向かって移動し，そこに取り込まれ，増殖を開始することが明らかとなった．さらに，得られた宿主魚を2〜3年間飼育し，配偶子を得たところ，その次世代に凍結細胞由来の個体を得ることに成功した．とくに雌宿主に移植した凍結始原生殖細胞は宿主生殖腺内で機能的な卵へと分化し，これを通常の凍結精子と受精させることで完全に正常な個体を得ることが可能であった．本結果は世界で初めて完全に凍結した細胞のみから魚類個体を作出した例である（図5.7）．その後，これらの個体は対照区の個体と同様に発育・成熟し，通常の次世代個体を生産したことも付け加えておく．
近年，養殖対象魚種においても選抜育種が盛んに行われ，各種の優良形質を保持した系統の作出が試みられている．このような各種系統や，多様な地域集団の遺伝子資源も，始原生殖細胞の凍結により保存しておくことが，将来の育種戦略を考えるうえでは重要であろう．筆者らは植物の種子バンクや哺乳動物の胚バンクのように，魚類の生殖細胞バンクを設立しておけば，将来にわたり，半永久的に多様な魚類の遺伝子資源を安全な状態で保存することが可能になると考えている．

7. キメラRNAを用いた始原生殖細胞の可視化

　上記のように始原生殖細胞を凍結保存することで絶滅危惧種の遺伝子資源を保存することも技術的には可能となった．しかし，ドナー細胞に*Gfp*遺伝子を組み込んだ始原生殖細胞を用いている限り，この方法を実際の絶滅危惧種に適応し，得られた個体を天然の河川や海に放流することは不可能である．そこで，次に遺伝子組換え技術を用いずに始原生殖細胞を可視化する技法の開発を試みた．前述の*vasa-Gfp*遺伝子による始原生殖細胞の可視化実験の際に，筆者らは興味深い現象に気付いた．すなわち，*vasa*遺伝子の上流域とシミアンウイルス40のlarge T抗原遺伝子由来のポリA付加配列を*Gfp*遺伝子に接続し，ニジマス卵にマイクロインジェクションした場合，*Gfp*遺伝子の始原生殖細胞特異的発現が長期間維持されることはなかったが，*Gfp*遺伝子の下流側にニジマス*vasa*遺伝子自身に由来する3'非翻訳領域を接続すると，始原生殖細胞特異的*Gfp*遺伝子の発現が高効率で認められた（Yoshizaki *et al*., 2000 b）．この事実は*vasa*遺伝子の3'非翻訳領域に始原生殖細胞特異的にRNAを安定化させる働き，あるいは特異的に翻訳を促進する働きがあることを意味していると考えた（実際，その後のゼブラフィッシュを用いた研究で*vasa*遺伝子の3'非翻訳領域が始原生殖細胞特異的RNAの安定化能を有することが報告されている（Wolke *et al*., 2002））．

　そこで，筆者らは*Gfp*遺伝子のアミノ酸コード領域に対するRNAにニジマス*vasa*遺伝子の3'非翻訳領域を含むRNAを接続したキメラRNA分子を作製し，これをニジマス受精卵に導入した（Yoshizaki *et al*., 2005）．筆者らが期待したことは，以下のとおりである．受精卵にマイクロインジェクションされたキメラRNAは，導入直後は体細胞，生殖細胞を問わずに存在し，GFPタンパク質を生産する．しかし時間が経過するにつれ，体細胞ではキメラRNAが徐々に分解される一方，始原生殖細胞に取り込まれたキメラRNAは*vasa*遺伝子の3'非翻訳領域の働きにより安定化され，結果として大量のGFPタンパク質を作るということである．すなわち，キメラRNAの分解速度の違いにより，始原生殖細胞のみが緑色蛍光で可視化されるということを

期待したのである．実際にキメラRNAを注入したニジマス卵の写真を図5.8に示すが，胞胚期では胚全体が緑色蛍光を発していたものの，その後，体細胞での緑色蛍光は弱まり，最終的には始原生殖細胞で特異的に蛍光を観察することができた．なお，この始原生殖細胞特異的蛍光は受精後50日程度持続した（図5.8c）．さらに，ニジマス由来のvasa遺伝子の3'非翻訳領域配列は，ニジマスのみならず，異属のイワナやブラウントラウト，さらには目も異なるゼブラフィッシュにおいても始原生殖細胞を可視化することが可能であった．また，ゼブラフィッシュや海産魚のニベ由来のvasa遺伝子3'非翻訳領域も，ニジマスやゼブラフィッシュの始原生殖細胞を可視化することが可能

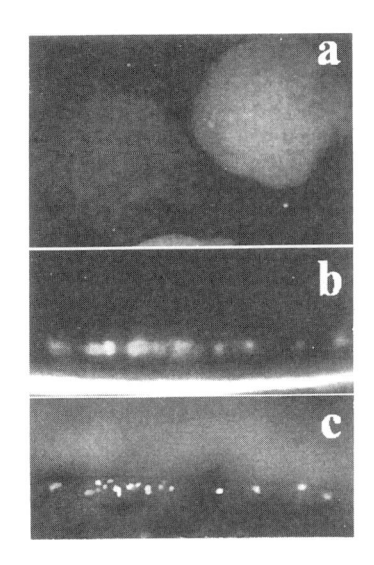

図5.8 キメラRNAにより可視化されたニジマス始原生殖胞
a) 胞胚，b) 20日胚，c) 50日胚

であった．この結果は，vasa遺伝子の3'非翻訳領域によるRNAの始原生殖細胞特異的安定化機構が硬骨魚類全般にわたり保存されていること，さらに，今回構築した3種類のキメラRNAを用いることで，ほとんどの硬骨魚類の始原生殖細胞を可視化可能であろうことを示している．以上のように，筆者らはvasa遺伝子の3'非翻訳領域が保有するきわめてユニークな能力を利用することで，遺伝子導入技法を用いることなく魚類の始原生殖細胞を可視化する技法を確立した．

8．精原細胞移植

ここまでにご紹介してきたように，始原生殖細胞を利用した発生工学技術は魚類におけるES細胞の代用のみならず，新たな魚類種苗生産技術となり得る代理親魚養殖技法や，絶滅危惧種などの遺伝子資源の保全に大きく貢献

するものと期待される．しかし，始原生殖細胞には単離が困難であるという大きな課題が存在する．具体的には孵化直後のニジマス稚魚は1尾当たり50～100細胞程度の始原生殖細胞しか保持していない（Yoshizaki et al., 2000 a）．さらに，発生が進むと精原細胞，あるいは卵原細胞へと分化してしまい，細胞を調整可能な時期も孵化前後のみと，きわめて限定されてしまう．そこで，筆者らは，より発生が進んだ若齢魚や成魚の生殖腺から移植実験に利用可能な細胞を調整できないかと考え，精原細胞に注目した．精原細胞は減数分裂を開始する以前の雄の生殖細胞である．とくに哺乳動物の精原細胞の中には，自己複製能と精子への分化能を兼ね備えた精原幹細胞が存在していることが知られていた（Schlatt, 2002）．もし，魚類も精原幹細胞を保持していた場合，この細胞が宿主個体の生殖腺に一旦生着すれば，無限のドナー精子を供給可能であると考えた．そこで，次に精原細胞を用いた生殖細胞移植実験の可能性について検討した（Okutsu et al., 2006 a）．

　実験には vasa‐Gfp 遺伝子導入ニジマスの精巣を用いた．この精巣では Gfp 遺伝子は精原細胞のみで強く発現している（Okutsu et al., 2006 b）．そこで，前述のフローサイトメーターを用いて精原細胞のみを精製し，異種系統のニジマス宿主への移植実験に供した．始原生殖細胞の移植では10～20細胞の移植を行ったが，精原細胞の移植では約3,000～10,000細胞の移植を行った．その結果，緑色蛍光を発している精原細胞分画を移植した場合に限り，移植細胞が宿主の生殖腺に取り込まれ，増殖を開始した．なお，この際に宿主生殖腺内に取り込まれなかった細胞は徐々に消失し，3ヵ月後には Gfp 遺伝子に対する PCR 法では，生殖腺以外のいずれの組織においてもドナー細胞由来の Gfp 遺伝子を検出することはできなかった．一方，移植半年後の宿主精巣内には，緑色蛍光を発する精原細胞の巨大なコロニーを確認することができた．そこで，これらの宿主ニジマスを成熟させ，交配実験に供した．この実験では，始原生殖細胞を用いた実験と同様，ドナーに優性アルビノの vasa‐Gfp 遺伝子導入ニジマスを，宿主に野生型のニジマスを用いた．交配実験の結果，用いた宿主魚の約40％の個体が次世代にドナー由来の稚魚（すなわち，vasa‐Gfp 遺伝子を保持したアルビノ個体）を産出した．な

お，このような精原細胞の移植は，ドナーに 23 カ月齢の排精後の個体を用いた場合でも可能であった．以上の実験から，成魚の精巣内に含まれる精原細胞も孵化稚魚の生殖腺内の微細環境に適応し，精子形成を再開可能であること，すなわち成魚が保持する精原細胞にもきわめて高レベルの発生的可塑性を有していることが明らかとなった．

9．精原細胞から卵はできるか

それでは，精原細胞を雌宿主に移植するとどうなるであろうか．この疑問に答えるために，筆者らは成魚より調整した精原細胞を雌の孵化稚魚の腹腔内に移植した．驚くべきことに，移植後 2 カ月目には移植された精原細胞が宿主の卵巣に取りこまれ，そこで増殖を開始している様子が観察された（図 5.9 a）．さらに，半年後には，移植精原細胞が周辺仁期と呼ばれるステージの卵母細胞にまで分化している様子が確認できた（図 5.9 b）．そこで，筆者らは，雄宿主に移植した場合と同様の実験系を用いて交配実験を行った．その結果，次世代にアルビノの vasa-Gfp 遺伝子導入個体，すなわちドナー精原細胞由来の個体を得ることに成功した．これらの精原細胞に由来する卵から生まれた次世代稚魚は，その後正常に発生し，最終的には通常個体と同様に成熟した後，正常な F2 世代を産出することが確認された．この結果は，成魚の精巣に含まれる精原細胞が機能的な卵にも分化可能であること，すなわち精原細胞が高レベルの性的可塑性を有していることを意味している．従来から魚類においては，始原生殖細胞を内包する未分化生殖腺を持つ仔稚

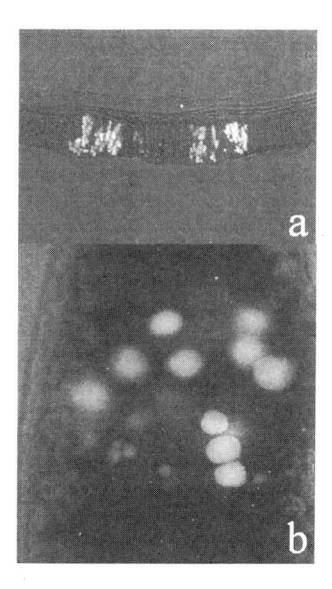

図 5.9 精原細胞の卵巣への移植
　a) 宿主卵巣内に生着し，増殖を開始した精原細胞．b) 卵母細胞へと分化した精原細胞（緑色蛍光を発している）．

魚に，外因性のステロイドホルモンを投与することで，性転換を誘起できることが知られていた（Devlin and Nagahama, 2002）．しかし今回の結果は，性分化が完全に完了し，精子形成をすでに開始した精巣，あるいは精子形成を完了した精巣内に存在する精原細胞も性転換可能であることを初めて機能的に証明することに成功した例である．なお，本項で紹介した精原細胞移植は始原生殖細胞移植と同様，異種間でも成立すること，さらに凍結精原細胞の利用も可能であることがすでに明らかになっている．

10．おわりに

以上のように，本研究では *Gfp* 遺伝子を用いることで，従来生きた個体内での追跡が不可能であった始原生殖細胞の可視化に成功した．さらに，この遺伝子導入ニジマスでは精原細胞も緑色蛍光を発していることを確認した．続いて，これらの生殖細胞が発する蛍光を指標にすることで，始原生殖細胞や精原細胞を高純度，高生残率で精製する技術を樹立した．また，生殖細胞が宿主の生殖腺に自発的に移動するシステムを利用することで，全動物種を通じて初めて，生殖細胞の腹腔内移植法を確立し，移植生殖細胞に由来する機能的な配偶子，さらには次世代個体を得ることに成功した．なお，この生殖細胞移植は凍結した始原生殖細胞を用いても可能であるうえ，異種間でも成立することが確認された．さらに，始原生殖細胞の代わりに精原細胞を用いても同様の実験が成立することに加え，精原細胞を雌宿主に移植すると，それに由来する機能的な卵を生産可能なことも明らかにした．

現在，本研究の最終目標である，細胞を介した遺伝子導入技法の開発を目指し，単離した始原生殖細胞，精原細胞の試験管内培養法の樹立を目指した研究を進行中である．精原細胞の基本的な培養条件や幾つかのマイトジェン，さらには精原細胞の増殖を促進する新規のサイトカイン（Sawatari et al., 2006）も同定されており，近い将来これらの培養細胞株が樹立できるものと期待される．

一方，魚類の生殖細胞移植を用いてサバにマグロの配偶子を生産させるための研究も進行中である．実際に，本章でサケ・マス類を用いて行った研究

が海産魚にも適用できそうだというデータがすでに得られており，この技術を最終的にはクロマグロへと応用する日が待たれる．

引用文献

Devlin, R.H. and Y. Nagahama 2002. Sex determination and sex differentiation in fish: an overview of genetic, physiological, and environmental influences. Aquaculture 208 : 191 – 364.

岩倉洋一郎 2002. 遺伝子改変動物. 岩倉洋一郎・佐藤英明・舘 鄰・東條英昭編. 動物発生工学. 朝倉書店. 東京. 185-200.

Kobayashi, T., G. Yoshizaki, Y. Takeuchi, and T. Takeuchi 2004. Isolation of highly pure and viable primordial germ cells from rainbow trout by GFP-dependent flow cytometry. Mol. Reprod. Dev. 67 : 91-100.

Kobayashi, T., Y. Takeuchi, T. Takeuchi, and G. Yoshizaki 2006. Generation of viable fish from cryopreserved primordial germ cells. Mol. Reprod. Dev. 74 : 207-213.

Manning, M.J. and T. Nakanishi 1996. The specific immune system : cellular defences. In: Iwama, G. and T. Nakanishi eds., The Fish Immune System. Academic Press, New York. 159-205.

McKay, S.J., R.H. Devlin, and M.J. Smith 1996. Phylogeny of Pacific salmon and trout based on growth hormone type-2 and mitochondrial NADH dehydrogenase subunit 3 DNA sequences. Canadian J. Fish. Aquat. Sci. 53 : 1165-1176.

Okutsu, T., K. Suzuki, Y. Takeuchi, T. Takeuchi, and G. Yoshizaki 2006 a. Testicular germ cells can colonize sexually undifferentiated embryonic gonad and produce functional eggs in fish. Proc. Natl. Acad. Sci. USA 103 : 2725-2729.

Okutsu, T., A. Yano, K. Nagasawa, S. Shikina, T. Kobayashi, Y. Takeuchi, and G. Yoshizaki 2006 b. Manipulation of fish germ-cell: visualization, cryopreservation and transplantation. J. Reprod. Dev. 52 : 685-693.

Sawatari, E., S. Shikina, T. Takeuchi, and G. Yoshizaki 2006. A novel transforming growth factor-β superfamily member expressed in gonadal somatic cells enhances primordial germ cell and spermatogonial proliferation in rainbow trout (*Oncorhynchus mykiss*). Dev. Biol. 301 : 266-275.

Schlatt, S. 2002. Spermatogonial stem cell preservation and transplantation. Mol. Cell. Endocrinol. 187 : 107-111.

Shinohara, T, M. Kato, M. Takehashi, J. Lee, S. Chuma, N. Nakatsuji, M. Kanatsu- Shinohara, M. Hirabayashi. 2006. Rats produced by interspecies spermatogonial transplantation in mice and in vitro microinsemination. Proc. Natl. Acad. Sci. U S A. 103 : 13624-13628.

Takeuchi, Y. G. Yoshizaki, T. Kobayashi, and T. Takeuchi 2002. Mass isolation of primordial germ cells from transgenic rainbow trout carrying the green fluorescent protein gene driven by the vasa gene promoter. Biol. Reprod. 67 : 1087-1092.

Takeuchi, Y. G. Yoshizaki, and T. Takeuchi 2003. Generation of live fry from intraperitoneally transplanted primordial germ cells in rainbow trout. Biol. Reprod. 69 : 1142-1149.

Takeuchi, Y. G. Yoshizaki, and T. Takeuchi 2004. Surrogate broodstock produces salmonids. Nature 430 : 629-630.

Wolke, U., G. Weidinger, M. Koprunner, and E. Raz 2002. Multiple levels of posttranscriptional control lead to germ line-specific gene expression in the zebrafish. Current. Biol. 12 : 289-294.

Yoshizaki, G., S. Sakatani, H. Tominaga, and T. Takeuchi 2000 a. Cloning and characterization of a vasa- like gene in rainbow trout and its expression in the germ cell lineage. Mol. Reprod. Dev. 55 : 364-371.

Yoshizaki, G., Y. Takeuchi, S. Sakatani, T. Takeuchi 2000 b. Germ cell- specific expression of green fluorescent protein in transgenic rainbow trout under control of the rainbow trout vasa- like gene promoter. Int. J. Dev. Biol. 44 : 323-326.

Yoshizaki, G., 2001. Gene transfer in salmonidae : Applications to aquaculture. Suisanzoshoku 49 : 137-142.

吉崎悟朗 2002. 魚類の遺伝子操作. 岩倉洋一郎・佐藤英明・舘　鄰・東條英昭編, 動物発生工学, 朝倉書店, 東京. 238-251.

Yoshizaki, G., Y. Takeuchi, T. Kobayashi, S. Ihara, and T. Takeuchi 2002. Primordial germ cells: the blueprint for a piscine life. Fish Physiol. Biochem. 26 : 3-12.

Yoshizaki, G., Y. Takeuchi, T. Kobayashi, and T. Takeuchi 2003. Primordial germ cells: a novel tool for fish bioengineering. Fish Physiol. Biochem. 28 : 453-457.

Yoshizaki, G., Y. Tago, Y. Takeuchi, E. Sawatari, T. Kobayashi, and T. Takeuchi 2005. Green fluorescent protein labeling of primordial germ cells using a nontransgenic method and its application for germ cell transplantation in Salmonidae. Biol. Reprod. 73 : 88-93.

第6章
エピジェネティクス，新たな動物遺伝子工学のパラダイム

塩田邦郎＊・佐藤　俊・池上浩太・服部奈緒子・大鐘　潤
東京大学大学院農学生命科学研究科

1．はじめに

　ゲノム機能の解明あるいはその有効利用を目的とし，遺伝子の変異あるいは導入を基本としたさまざまな遺伝子組換え技術が発達したが，エピジェネティクスはそれらとは異なり遺伝子自体の改変を伴わない新たな遺伝子工学の手法となりうる．エピジェネティクスは「動物ゲノムが本来持つ機能をうまく引き出し利用する」可能性を秘めた新たな研究分野なのである．本稿では家畜遺伝子工学への応用を視野に，新たな生命科学のパラダイムであるエピジェネティクスの基礎と応用について記す．

2．エピジェネティクスとは

（1）エピジェネティクスの定義と意義
　エピジェネティクスとは，「DNA塩基配列の変化を伴わず細胞分裂後も継承される遺伝子機能の変化を研究する学問領域」を意味する．さまざまな生物の全ゲノム塩基配列が決定されたが，哺乳類の持つゲノム機能はいまだに未開拓である．哺乳類の身体は，さまざまな形態や機能を有する約200種類（60兆個）の細胞群から構成されている．各々の細胞は機能や形態が異なっ

＊　平成18年度日本農学会シンポジウム「動物・微生物における遺伝子工学研究の現状と展望」講演者

ても，基本的にはゲノム配列情報は変化せず，遺伝情報は同じである．したがって，1つの受精卵から胎仔発生を経て個体が誕生するまでには，同一の遺伝情報を持つ細胞が遺伝子欠損や変異を起こすことなく，異なる性質や機能を持つ細胞に分化するプロセスが存在する．このプロセスを保証するには，膨大な遺伝情報からそれぞれの細胞の決定や分化に必要な遺伝子の発現をオンにし，不必要な遺伝子の発現をオフにする機構が必要である．一方で，一旦分化決定した細胞では，その発生・分化の過程で確立した遺伝子のオン・オフ機構は細胞分裂後も記憶される必要がある．この遺伝子制御の記憶メカニズム研究がエピジェネティクスで，DNAメチル化とヒストン修飾がその分子機構である．

DNAメチル化とヒストン修飾によるエピジェネティック遺伝子制御の例として，Oct-4遺伝子の発現制御が挙げられる（図6.1）．Oct-4は初期胚や胚性幹（embryonic stem：ES）細胞の分化多能性維持に関与するPOU family転写因子の1つである．Oct-4遺伝子は分化多能性を有したES細胞や，着

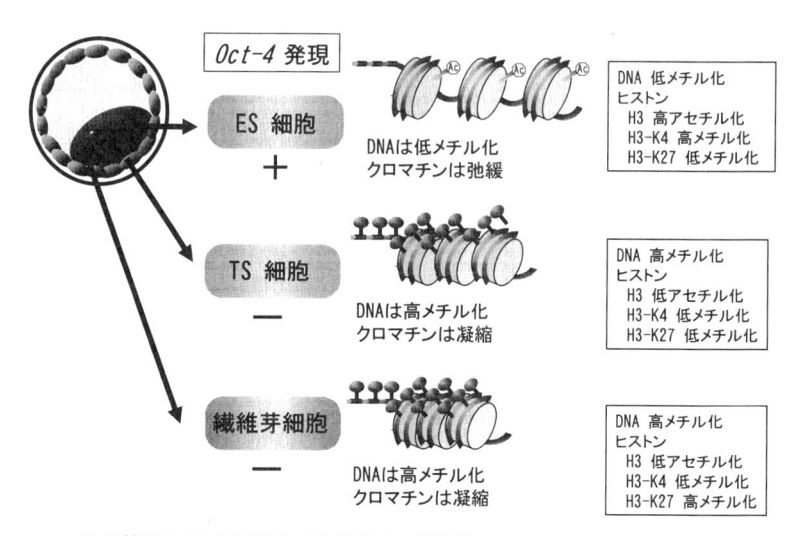

細胞	Oct-4 発現	クロマチン状態	エピジェネティック状態
ES 細胞	＋	DNAは低メチル化 クロマチンは弛緩	DNA 低メチル化 ヒストン H3 高アセチル化 H3-K4 高メチル化 H3-K27 低メチル化
TS 細胞	－	DNAは高メチル化 クロマチンは凝縮	DNA 高メチル化 ヒストン H3 低アセチル化 H3-K4 低メチル化 H3-K27 低メチル化
繊維芽細胞	－	DNAは高メチル化 クロマチンは凝縮	DNA 高メチル化 ヒストン H3 低アセチル化 H3-K4 低メチル化 H3-K27 高メチル化

Oct-4遺伝子は、DNAメチル化とヒストン修飾によって制御されている。さらに、発現を抑制するためのエピジェネティック状況は細胞の種類や発生時期で異なる。

図6.1　Oct-4遺伝子のエピジェネティック制御

床前胚では発現しているが，その他の体細胞では発現が厳しく抑制されている．受精後に最初に分化する胚体外組織や胎盤栄養膜細胞，あるいは，胎盤栄養膜細胞由来の幹細胞 trophoblast stem（TS）細胞でも，*Oct-4* の発現は抑制されている（*Hattori et al.*, 2004 b）．

Oct-4 遺伝子の制御領域において，着床前胚や ES 細胞では DNA はメチル化されておらず，また，ヒストンの高アセチル化が認められるなど，遺伝子発現が可能な状態となっている．しかし，TS 細胞では，DNA は高メチル化で，ヒストンは脱アセチル化された状態であり，*Oct-4* の発現は見られない．ES 細胞が分化すると，やはり DNA は高度にメチル化され，さらに繊維芽細胞の場合は他の抑制性のヒストン修飾（ヒストン H3 の 27 番目のリジンのメチル化，後記）が加わる．このように，*Oct-4* 遺伝子領域では発生の時期と細胞の種類により異なったエピジェネティック状況が出来上がり，一旦確立されると細胞分裂後も継承されるので，*Oct-4* は体細胞では個体の生涯を通じて抑制された状態が維持される．実は，後記のように発生や分化に伴ってエピジェネティック変化を起こす遺伝子領域はきわめて多い．体細胞が分化多能性を有した細胞に簡単には逆戻りしない理由がここにある．

DNA メチル化は哺乳類では主なエピジェネティック修飾であるが，酵母では見られず，また，ショウジョウバエでは発生のごく初期にわずかに見られる程度で，動物種により重要性が異なる．一方，ヒストン修飾は，哺乳類のみならず，酵母やショウジョウバエなど，広く生物種で重要な遺伝子制御系である．そのため，ヒストン修飾がエピジェネティック制御の基本メカニズムとして，より重要ではないかとの議論がある．しかし，単細胞生物と多細胞生物，脊椎動物と無脊椎動物，動物と植物などを見渡した比較エピジェネティクスの観点からすると，DNA メチル化とヒストン修飾の多様な制御系の組み合わせによるエピジェネティック機構の獲得が，ゲノム進化と密接に関係していると考えられる．そのため，哺乳類の理解には，DNA メチル化とヒストン修飾，さらには，非コード RNA の関与やヒストンサブタイプの使い分けなど，他の制御系も含め研究せざるを得ないだろう．少なくとも，哺乳類では，DNA メチル化とヒストン修飾のどちらも重要なのである．

（2）ゲノム DNA のメチル化修飾によるエピジェネティック制御

エピジェネティック研究のスタートは 1948 年のウシ胸腺のゲノム DNA 研究によるメチル化 DNA の発見に遡る（Hotchikiss, 1948）．DNA のメチル化は哺乳類ゲノム DNA にみられる唯一の化学修飾である．哺乳類ではゲノム DNA を構成するアデニン，グアニン（G），シトシン（C），チミンの塩基の中で，主に CG 配列（CG 相補対との混同を避けるため CpG と記す）内のシトシンの 5 位がメチル化修飾される（図 6.2）．DNA メチル化による遺伝子発現抑制の機構として，1) DNA メチル化により，転写因子の認識配列への結合が阻害される，2) DNA メチル化を認識して結合する一群のタンパク質が転写因子の結合を阻害し転写抑制活性を示す，あるいは，3) DNA メチル化領域にヒストン修飾酵素などがリクルートされ，クロマチン構造が凝縮する，などが考えられている．これらの現象が組み合わさり DNA メチル化領域が不活性化されるのである．

DNA メチル化は，細胞の遺伝子発現記憶装置として機能することで，哺乳類の発生の分子機構として重要である．その他に，DNA メチル化は，ゲノミックインプリンティング遺伝子における片親由来アレル発現，メスの一方の X 染色体不活性化による遺伝子量補正，トランスポゾンの不活性化によるゲノムの安定性の維持などに関与していることが知られている．とくにゲノミ

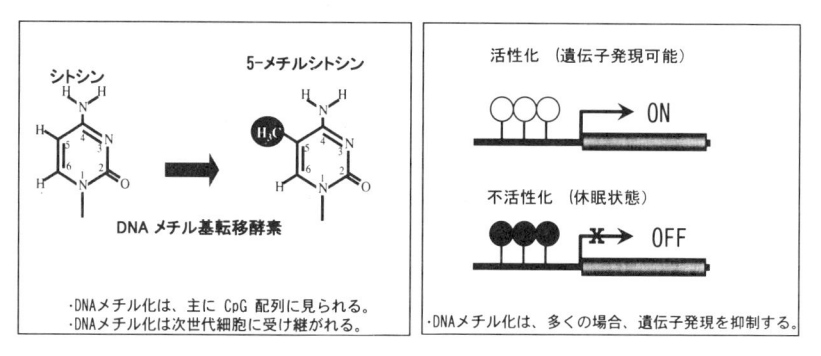

図 6.2　DNA メチル化によるエピジェネティック制御

ックインプリンティングにおける研究が先行したため,『DNAメチル化＝インプリンティング』という誤解が生じた.しかし,後で記すように,DNAメチル化により不活性化される遺伝子は,インプリンティング遺伝子(現在までにマウスとヒトで約30種類が見つかり,ゲノム全体で100種類程度存在すると考えられている)より圧倒的に多く,DNAメチル化は広範な生命現象の分子基盤になっている.

(3) ヒストンN端尾部のさまざまな化学修飾によるエピジェネティック制御

核内でDNAはコア・ヒストン8量体(H2A, H2B, H3, H4が各2つ)に巻きついた,いわゆるヌクレオソーム構造をとっている.ヒストンのアミノ末端は,ヌクレオソームから外にはみ出た形で存在し,さまざまな分子修飾を受ける(図6.3).ヒストン修飾と遺伝子発現の関係では,アセチル化が最も良く研究されてきた.その背景には,ヒストン脱アセチル化酵素の阻害剤トリコスタチンA(TSA)の発見と利用法の確立がある(Yoshida *et al.*,

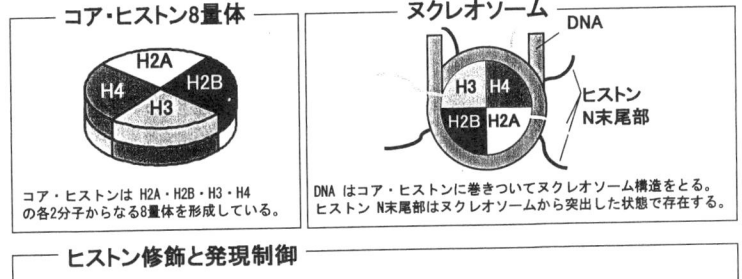

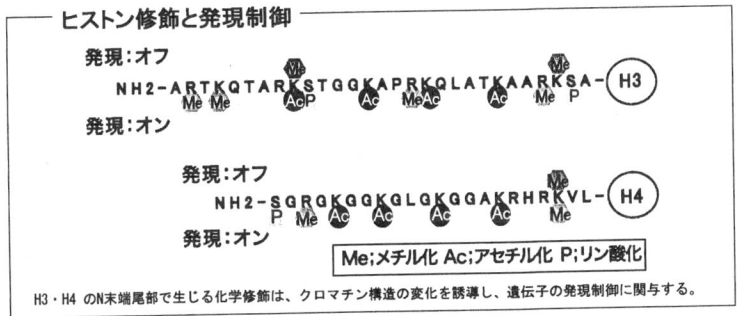

図6.3 ヒストンアミノ末端尾部の化学修飾による制御

1990 ; Yoshida et al., 1995). 通常，ヒストン修飾は脱アセチル化への圧力があるため，細胞を TSA で処理すると，ヒストン H3 や H4 のアセチル化が進む．ヒストンのアセチル化はクロマチン構造を緩め遺伝子発現に促進的に働き（Clayton et al., 2006)，逆に，脱アセチル化はクロマチン構造を凝縮し不活性化する．ヒストン修飾が遺伝子発現に重要であるとの認識は，TSA がさまざまな実験系で利用されることで，広まったのである．一方，他のヒストン修飾の有用な阻害剤は開発されていない．

ヒストン H3 および H4 のメチル化と遺伝子発現が密接に関係していることも明らかとなってきた（Jenuwein and Allis, 2001 ; 眞貝，2005)．ヒストン H3-9 番目・27 番目のリシン（H3-K9・K27）のメチル化はクロマチンを凝縮させ，遺伝子発現を抑制する．ヒストン修飾は HP1 などのクロマチンリモデリング因子により認識され，クロマチン構造の変化が引き起こされるのである（Sims et al., 2003)．遺伝子発現抑制型のヒストン修飾酵素として，ヒストンメチル化酵素 G9a（Tachibana et al., 2001)， Suv39h（Rea et al., 2000)， Ezh2（Cao et al., 2002)， GLP（Tachibana et al., 2005）などが発見されている．

一方，ヒストン H3-4 番目のリシン（H3-K4）のメチル化は，クロマチンを弛緩させて遺伝子発現を誘導する（Sims et al., 2003)．生殖細胞で特異的に発現している Meisetz（Hayashi et al., 2005）は，H3-K4 メチル化活性を有する酵素で，減数分裂機構や生殖細胞分化との関連で注目されている．

（4）DNA メチル化とヒストン修飾が次世代に継承されるメカニズム

DNA メチル化パターンは DNA 複製に際し，DNA メチル基転移酵素により，新たに合成された DNA 鎖に写し取られることで，細胞世代を越えて継承され得る（図 6.4)．DNA メチル化は，S-アデノシル-L-メチオニンをメチル基供与体とし，DNA メチル基転移酵素により行われる．これまでに Dnmt1，Dnmt2，Dnmt3a，Dnmt3b および Dnmt3L の 5 種類の DNA メチル基転移酵素が発見されているが，このうち Dnmt2，Dnmt3L は触媒部位の一部が変異あるいは欠損しており，酵素活性は有していないので，DNA メチル化

DNA メチル化の維持と新規のメチル化

DNA メチル基転移酵素には，非メチル化 DNA 鎖をメチル化する *de novo* 活性と，DNA 複製に伴い，親鎖 DNA のメチル化パターンを新生 DNA 鎖に付加する維持型活性が存在する．この維持型 DNA メチル基転移活性により，DNA メチル化パターンは細胞世代を越えて維持される．

ヒストン修飾の維持：振り分け仮説

染色体の複製に伴い，修飾された親由来の古いヒストン H3・H4 は娘細胞にランダムに振り分けられる．修飾されたヒストンを標的として，ヒストン修飾酵素が誘導され，隣接する新しいヒストンが修飾される．

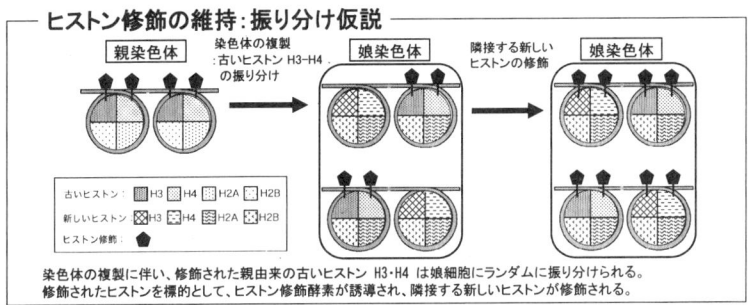

図 6.4　エピジェネティック分子の細胞世代を越えた維持

修飾は実質的には Dnmt1，Dnmt3a および Dnmt3b の 3 種類により担われると考えられている．実際 *Dnmt1* 単独および *Dnmt3b* 単独の欠損マウス，あるいは *Dnmt3a* と *Dnmt3b* を同時に欠損したマウスは胎生致死であり，*Dnmt3a* 欠損マウスは生後 4 週で死んでしまうことから，これらの酵素は個体の維持に必須であることがわかる (Li *et al*., 1992；Okano *et al*., 1999).

DNA メチル基転移活性は基質となる DNA の状態により 2 種類に分けられる．DNA 複製時に親鎖 DNA のメチル化パターンを認識し，新生鎖にメチル化パターンを写し取る活性を維持型メチル化活性とよぶ．この場合，酵素は DNA 鎖の一方だけメチル化されたヘミメチル化 DNA を基質とすることになる．それに対して，2 本鎖 DNA のどちらもメチル化されていない DNA を新規にメチル化する活性は，*de novo* メチル化活性である（図 6.4 上図）．組み換えタンパクを用いた *in vitro* の研究より，Dnmt1 は非メチル化 DNA に比較し，ヘミメチル化 DNA に対する活性が非常に高いため，維持型 DNA

メチル基転移酵素とよばれてきた．一方，Dnmt3aおよびDnmt3bは非メチル化DNAとヘミメチル化DNAに対する活性に差がないことから，de novoメチル基転移酵素と見なされてきた（Okano et al., 1998）．もし，維持型活性が機能しない場合，細胞分裂後にはDNAは受動的に脱メチル化されることになる．あるいは，積極的に脱メチル化される系も存在するが，脱メチル化酵素は未だに単離されていない．すなわち，DNAのエピジェネティック修飾は，新たにメチル化される系と，次世代の細胞に継承される系の両方のメカニズムにより支えられていることになる．このように，DNAメチル化パターンが継承されることで，非メチル化領域は活性化状態として，メチル化された遺伝子領域は不活性化状態として，細胞分裂後もその状態は保たれることになる．

一方，ヒストン修飾では，染色体の複製時に修飾された古いヒストンH3・H4が娘染色体にランダムに分配されることにより，細胞分裂後も維持されるメカニズム（ヒストン振り分け仮説）が提唱されている（図6.4下図）．この仮説の提唱以前から，ヒストン修飾は単に転写制御機構ではなくエピジェネティック機構として位置づけられてきたが，それはDNAメチル化と協調した動きがあるためである．DNAのメチル化がヒストンのアセチル化，メチル化などの修飾を誘導するメカニズムはよく研究されている．逆に，ヒストン修飾がDNAメチル化を誘導することも報告されている（後記）．その結果，DNAメチル化とヒストン修飾は，グローバルには協調して動いていると見なされている．DNAが低メチル化状況のときヒストン修飾はクロマチン構造が緩む方向に向かい，転写可能な状態となる．逆に，DNAが高メチル化状態の領域ではヒストン修飾はクロマチン構造が凝縮する方向に向かい，転写が厳しく制限され，これらは細胞世代を越えて伝えられるのである．

3. ゲノムの構成と遺伝子領域のDNAメチル化プロフィール

(1) 遺伝子領域のCpGアイランドはメチル化されない領域？

哺乳類のゲノムDNAのGC含量は約40%と低く，CpG配列の出現頻度は確率論的に期待される数値の1/5から1/4程度しか存在しない．ゲノム上にはCpG配列が周りと比較して密に存在する領域があり，CpGアイランドと呼ばれている．ヒトのゲノムには約29,000，マウスゲノムには約15,500のCpGアイランドが存在している．CpGアイランドは，進化の過程でメチル化シトシンのチミンへの変異と淘汰圧により生じたと考えられている．シトシンに脱アミノ化反応が生じた場合，ウラシルとなるのに対して，メチル化シトシンはチミンとなる．この反応で生じたウラシルはDNAの構成成分ではないのでシトシンに修復されるが，チミンはもともとDNA中に含まれるため，修復を逃れやすい．その結果，CpG配列はTpG配列に変異し蓄積したと考えられる．しかし，CpG配列が生存，生殖，発生に必須な領域であれば，その個体あるいは次世代の個体は死滅しているはずで，逆に，現存するCpG配列は生存に必須の領域か，あるいは，メチル化されない領域であった可能性が生じる．なるほどCpG配列を多く含むCpGアイランドの多くはハウスキーピング遺伝子や，組織特異的な発現を示す遺伝子内，およびその近傍に存在しており，そのようなCpGアイランドを持つ遺伝子は全遺伝子の約半数を占めている (Cross and Bird, 1995 ; Suzuki *et al.*, 2001)．そして，最近まで正常細胞ではCpGアイランドはメチル化されない領域で，ガン細胞でのみ例外的にメチル化が生じているとされていた (Cross and Bird, 1995)．正常細胞でメチル化される例外として，X染色体不活性化やゲノミックインプリンティング遺伝子の制御領域に限られると誤解されていた．

CpGアイランドは，膨大なゲノム配列情報から遺伝子領域を探し出す目印ともなってきた．哺乳類のゲノムには遺伝子領域はごくわずかにしか存在せ

ず，ゲノム全体の数％にしか過ぎない．残りは，進化の過程で感染し増幅した外来遺伝子の成れの果ての繰り返し配列を主体とした部分である．これらの繰り返し配列を主体としたほとんどの CpG 配列は高度にメチル化されている．つまり，哺乳類のゲノム全体の約 70-90％もの CpG 配列がメチル化されているのである．外来ゲノム（つまりウイルス）は，感染後にゲノムに入り込み，DNA メチル化によりサイレントとなり，さらに変異を起こしてゲノムに蓄積されたと考えられる．これらのゲノム全体の DNA メチル化（バルク DNA メチル化）と，以下の遺伝子領域のメチル化とは区別して考える必要がある．さて，遺伝子領域の DNA メチル化についての情報が蓄積し始めたのは，つい最近のことである．その背景は，上記のように，"正常細胞・組織では CpG アイランドはメチル化されない領域である"とする誤解に基づいている．実際は，以下に記すように，CpG 配列が豊富な遺伝子や極端に少ない遺伝子まで，さまざまな遺伝子領域が，細胞・組織特異的にメチル化される領域（Tissue - dependent and differentially methylated region, T-

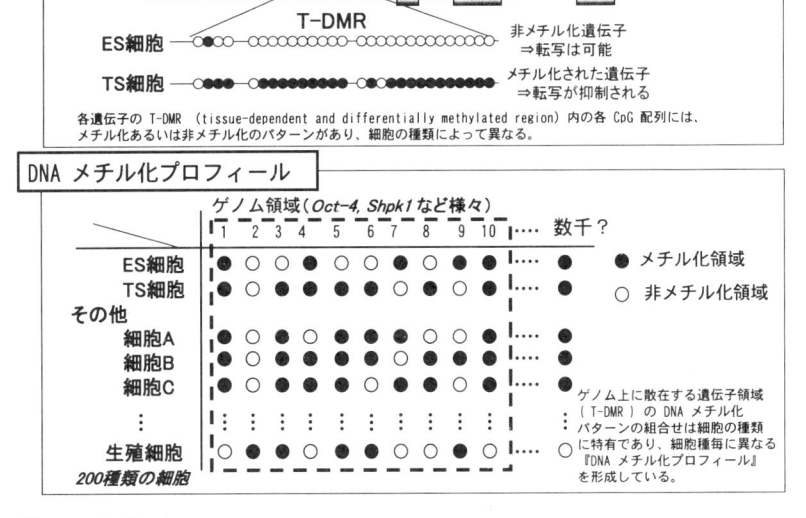

図 6.5　組織・細胞特異的 DNA メチル化パターンと DNA メチル化プロフィール

DMR）を有している（図 6.5 上図）．

（2）細胞・組織特異的にメチル化される領域（T-DMR）を持つ遺伝子

スフィンゴ脂質リン酸化酵素 1（*Sphk1*）遺伝子には，転写開始点上流から遺伝子領域にかけて 3.7 Kb にわたる CpG アイランドが存在する．この CpG アイランド末端の転写開始点側 200 bp の限定された領域が T-DMR であり，遺伝子発現が認められる脳では低メチル化状態にあり，発現していない心臓では高メチル化状態にある（Imamura *et al.*, 2001；今村・塩田, 2002）．この T-DMR は，脳では胎仔児期から成体までをとおして低メチル化が保たれるのに対し，心臓ではその発生過程で徐々にメチル化されることが明らかになっている．他にも T-DMR を有する CpG アイランドが，E-カドヘリン（*Cdh1*）（Bornman *et al.*, 2001），エンドセリンレセプター B（*EDNRB*）（Pao *et al.*, 2001），プロピオメラノコルチン（*POMC*）（Newell-Price *et al.*, 2001），*Maspin* 遺伝子（Futscher *et al.*, 2002）などの組織特異的に発現する遺伝子で見つかっている．したがって，CpG アイランドがメチル化されないとする従来の考えは改める必要がある．つまり，CpG アイランドを持つ遺伝子が DNA メチル化制御を受けていないとするのは間違いである．正常細胞でもメチル化されうる T-DMR を有する CpG アイランドが存在するのである．逆に，CpG アイランドがあるからメチル化領域があるのかというと，そうではなく，数としてはメチル化されない CpG アイランドのほうが多いのかもしれないが，まだ，結論はでていない．

Oct-4 領域には比較的多くの CpG が存在するが，CpG アイランドはない．着床前の胚や ES 細胞など，一部の限られた細胞を除いて，ほとんどの体細胞では *Oct-4* の T-DMR は高度にメチル化されている（図 6.1；Hattori *et al.*, 2004 b）．これまでに，CpG の多寡によらず，T-DMR を有する遺伝子は多く存在することが明らかになってきている．たとえば，精巣分化に必須な転写因子 *Sry* 遺伝子では，マウスにおいてはその上流域 4.4 Kb に存在する 11 個のみの CpG が，組織・時期特異的な発現制御に関与する．*Sry* 遺伝子は胎仔期の雄性生殖巣のみで限定された時期（マウスでは胎齢 10.5 から

12.5日)に発現を示すが，*Sry* T-DMR は発現のある生殖巣においてのみ低メチル化状態にあり，発現時期以外の生殖巣，および他の組織では高メチル化状態にある (Nishino *et al.*, 2004；西野・塩田, 2003)．胎盤ホルモンの1つである *Placental Lactogen1* (*PL-1*) 遺伝子では，その上流域 2.6 Kb に12個の CpG が散在するのみである．しかしながら，この領域は胎盤では特異的に低メチル化状態を示し，他の組織では高メチルを示す T-DMR になっている．この T-DMR 内にある数個の CpG のメチル化により発現が不活性化され，胎盤以外の組織での発現は全く検出されないのである (Cho *et al.*, 2001)．*Dimethylarginine Dimethylaminohydrolase 2* (*Ddah 2*) 遺伝子は将来胎盤を形成する栄養膜細胞の分化過程で発現が上昇するが，この発現は転写開始点上流 650-900 bp に存在する5つの CpG により制御されている．この T-DMR は栄養膜幹細胞（胚体外外胚葉）では高度にメチル化され，栄養膜細胞（外胎盤錐）へ分化する過程で脱メチル化されて低メチル化状態になる (Tomikawa *et al.*, 2006；田中・塩田, 2005)．興味深いことに，卵特異的に発現する DNA メチル基転移酵素のサブタイプ *Dnmt1o* も T-DMR を有することが明らかになっている (Ko *et al.*, 2005)．DNA メチル基転移酵素が DNA メチル化により制御されている可能性が考えられ面白い．

このように，DNA メチル化によりエピジェネティック発現抑制を受けている遺伝子として，酵素 (Sphk1, Dnmt1o, Ddah2)，転写因子 (Oct-4, Sry)，ホルモン (PL-1)，膜タンパク (E-カドヘリン, エンドセリンレセプター B) など，実に多様である．注意すべきは，T-DMR を有する遺伝子は，必ずしも CpG の多寡によるのではないことである．

(3) 細胞特異的な遺伝子領域のDNAメチル化模様，DNAメチル化プロフィール

CpG アイランドが遺伝子探索の目印となること，DNA メチル化で制御されている遺伝子の探索リストから，CpG アイランドを持った遺伝子を除くことは間違いであることも先に記した．さて，ゲノム全体で，T-DMR を有した遺伝子領域がどのくらいあるのだろうか．そのためには，さまざまな細胞のゲノム全域に渡る遺伝子領域に焦点を当てた DNA メチル化状況を比較し

てみる必要がある.

　メチル化感受性制限酵素である *Not*I は，その認識配列の 90％が CpG アイランド内にあることが知られる．そこで，*Not*I 認識配列を指標として，マウスゲノムの約 1,500 領域についてメチル化状態を解析した．ES 細胞，TS 細胞，胚性生殖 (embryonic germ : EG) 細胞それぞれの未分化および分化状態，精子，腎臓，脳および胎盤ゲノムの 10 種類の細胞・組織の比較から，組織・細胞種特異的なメチル化領域 (T-DMR) を 247 カ所見いだした (Shiota, 2004 ; Shiota et al., 2002)．ゲノム上に散在する各遺伝子にはそれぞれ DNA メチル化パターンが存在し，その組み合わせは細胞の種類に特有である．本稿では，この細胞種固有の DNA メチル化パターン，すなわち T-DMR の集合を「DNA メチル化プロフィール」と呼ぶ (図 6.5 下図)．ここで得られた DNA メチル化プロフィールを基にすると，これら 10 種類の細胞・組織間で約 16％，各 2 種類の細胞間で 1-2％ (10-30 領域) の領域に DNA メチル化の違いが検出される．したがって，ゲノム全体では少なくとも数千の CpG アイランドが細胞・組織により異なるメチル化パターンを示すことが推測される (服部・塩田, 2002)．哺乳類の体は約 200 種類の細胞から構成されていることを考慮すると，さらに多くの CpG アイランドを持つ遺伝子がメチル化の標的となっていることが考えられる (図 6.5 下図).

　DNA メチル化プロフィールは細胞の種類に特有であることを基にして，未知の細胞の同定や細胞系譜を追跡することも可能となる．また，T-DMR を持つ遺伝子は転写因子，酵素，ホルモンなど多岐に渡り，DNA メチル化プロフィールがさまざまな細胞の特異的形質の分子基盤となっていることがわかる．そのため，発現量がわずかで発現時期も限定されている遺伝子や，有用遺伝子などの探索系として利用できる．さらに，次に記すように，発生過程の胚や個体の正常性の評価についても威力を発揮する．

4. DNAメチル化プロフィールと発生・分化

（1）発生・分化におけるDNAメチル化プロフィール形成

哺乳類ゲノムの全体（バルクDNA）のメチル化レベルは，胚発生過程で大きく変化する．受精後，精子由来のDNAでは雌性前核との融合以前に急速な脱メチル化を示し，一方，卵子由来のDNAは発生過程で徐々に脱メチル化が進行する．このゲノムワイドな脱メチル化は桑実胚期まで続き，胚盤胞期以降では *de novo* のDNAメチル化が生じる．これが，これまでに理解されてきた発生過程でのDNAメチル化の変遷である．しかし，この考え方は，ゲノムの大部分を占める繰り返し配列におけるメチル化の変化を反映するものであり，上記の遺伝子領域のT-DMRメチル化の変化を意味してはいない．たとえば，インプリンティング遺伝子群は，この時期のゲノムワイドな脱メチル化を逃れることが知られている．また，Dnmt1の初期胚特異的なサブタイプであるDnmt1oは，DNAメチル化で制御されており，そのT-DMRは発現の観察される受精卵，2細胞期胚，桑実胚では低メチル化状態にあり，発現のない4細胞期胚，8細胞期胚，胚盤胞では高メチル化状態にある（Ko *et al.*, 2005）．したがって，個々の遺伝子領域のメチル化パターン形成に関しては，初期発生過程でまず脱メチル化がおき，次に新たなメチル化が起こるという単純な図式ではないことは明らかである．

さて，上記のDNAメチル化プロフィールを基にするとさまざまな幹細胞，体細胞はそれぞれ異なったDNAメチル化プロフィールを示す．同様に，生殖細胞も体細胞とは異なった特有のDNAメチル化プロフィールを示す（図6.5；田中・塩田，2005）．また，DNAメチル化プロフィールの比較から，ES細胞やTS細胞の分化に伴い脱メチル化される遺伝子領域とメチル化される遺伝子の双方が多数存在していることが明らかになっている．つまり，発生過程や細胞の分化過程では，常に特定の遺伝子領域のメチル化と脱メチル化の両方が起きながら，組織特異的なメチル化プロフィールは形成されていくのである．上記の結果を基に，受精・発生・分化に伴うゲノムワイドのDNAメチル化の変化を模式図として図6.6 Aに示した．

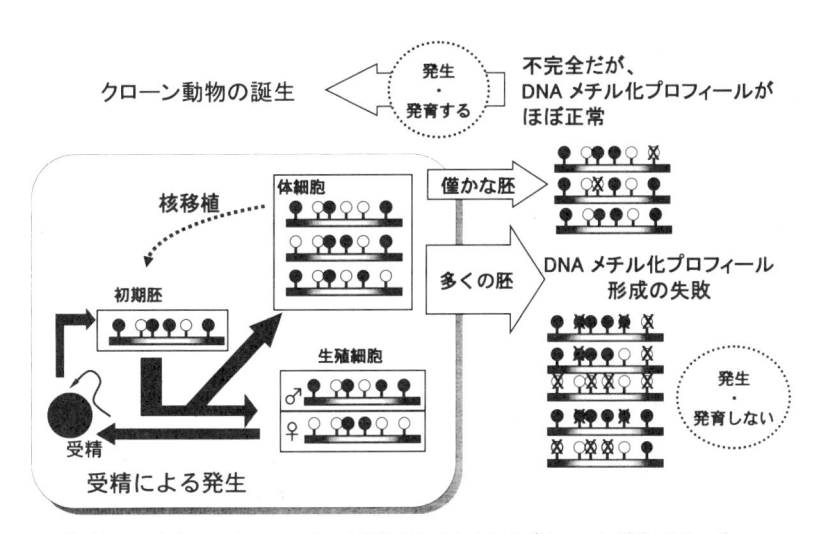

受精による胚の発生過程では，細胞分化に伴い，組織特異的な DNA メチル化プロフィールが構築される．一方，核移植胚は DNA メチル化プロフィールの再構築が不完全であり，大部分は発生過程で死亡する．発生の進んだ少数の胚でも，DNA メチル化プロフィールの再構築は不完全で，誕生した個体においても必ず若干の異常がみられる．

図 6.6（A） 発生・クローン胚における DNA メチル化プロフィール形成

（2） クローン発生の DNA メチル化プロフィール

現在までに，哺乳類の体細胞核移植によるクローン動物は，ヒツジ，ヤギ，ブタ，マウス，ウシ，ネコなどさまざまな種で報告されているが，その誕生率はどの種でも数％程度と非常に低い．また，誕生まで生育した場合も，胎盤の形態的な異常は頻繁に見られ，肥満，短命などのドナーには見られない異常が現れる（Ogonuki et al., 2002 ; Shimozawa et al., 2002 ; Tamashiro et al., 2002）．さて，クローン動物が誕生するためには，ドナー体細胞の核ゲノムは，その DNA メチル化プロフィールを初期胚型へ変換する必要がある．きわめて多数の T-DMR が，ゲノム上に散在していることを考えると，DNA メチル化プロフィールの書き換えは相当困難な作業である．事実，分娩時まで発育したクローンマウスの胎盤と新生仔の皮膚で，およそ 1,500 領域の CpG アイランドの DNA メチル化状態を解析した結果，全体の約 0.3％（4-5 領域）に相当する CpG アイランドで DNA メチル化異常が検出された（Ohgane et al., 2001 ; 大鐘・塩田，2002）（図 6.6 A）．マウスの CpG アイラン

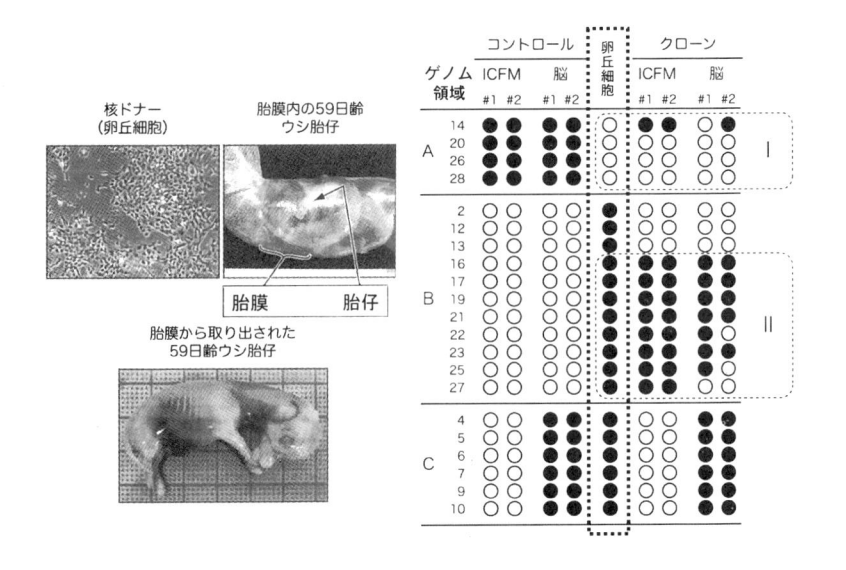

図6.6（B） 胎生期のクローンウシのメチル化異常

ドが約 15,500 存在することから換算すると，クローンマウスで DNA メチル化異常が生じる遺伝子領域は，少なくとも，40-50 領域はあると計算される．逆に，残りの 99.7％は自然交配動物と同じ DNA メチル化プロフィールを示している．したがって，誕生にまで至ったクローンマウスではほぼ同じプロフィールを有しているが，若干の異常があることになる．クローン動物は核ドナーのきわめてよくできたコピーであるが，遺伝子領域の DNA メチル化に関しては完全なコピーではなく，DNA メチル化異常を示す領域があることを示している．また，誕生に至ったクローン動物の有する潜在的なメチル化異常が，一定の期間を経て，あるいは特定の細胞種での遺伝子発現異常を引き起こす可能性があり，肥満や短命などといったクローン個体の表現型が出現すると考えられる．

クローンマウスで DNA メチル化異常を示した領域の1つは，*Spalt like gene 3*（*Sall3*）遺伝子座に存在していた（Ohgane *et al.*, 2004）．*Sall3* 領域は 18 番染色体上に存在し，転写リプレッサーとして機能し，ヒトでは精神異

常に関係する領域と報告されている．さて，このように誕生に至ったクローンマウスにおいて，ほぼ例外なく数領域で異常な DNA メチル化パターンを検出できる．発生途中のクローン胚ではさらに多くの異常がみられる．卵丘細胞を核ドナーとした妊娠 59 日目のクローンウシでは，より多くの DNA メチル化異常領域が胎膜や胎仔脳で検出されている（図 6.6 B；Kremenskoy et al., 2006）．たとえば，RLGS で約 2,000 領域を調べると，ドナー卵丘細胞で非メチル化状態である 4 つのゲノム領域を含むグループ A は，正常胎仔の胎膜（ICMF）と脳では完全にメチル化されている．ところが，クローンではこれらの組織で未だに非メチル化状態であった（図 6.6 B の I）．一方，11 のゲノム領域（グループ B）はドナー細胞ではメチル化されており，正常発生では脱メチル化される領域であるが，クローンの胎膜と脳ではそのうち 8 つのゲノム領域が高度にメチル化されている（図 6.6 B の II）．本来ならドナー核の DNA メチル化パターンが書き換えられるべき領域（約 1 ％）が，卵丘細胞のパターンのままで残されていたのである．DNA メチル化が遺伝子のサイレンシングを起こすことはすでに記した．したがって，DNA メチル化異常が多ければ正常な発生が妨げられる可能性が高いことになる．

着床前のクローン胚については，さらに多くのエピジェネティクス異常を呈する領域があるはずである．しかし，初期胚では，試料が微量であることから，ゲノムワイドの解析は現時点では不可能である．繰り返し配列あるいはバルクの DNA（Bourc'his et al., 2001 a；Kang et al., 2001；Santos et al., 2003），インプリンティング遺伝子（Mann et al., 2003），X 染色体（Eggan et al., 2000；Xue et al., 2002），個別の遺伝子の T-DMR（Kang et al., 2002）などに焦点を当てた研究がなされ，DNA メチル化の異常が見つかっている．

エピジェネティック情報（DNA メチル化プロフィールとヒストン修飾情報）は次世代細胞に継承され得るが，分化や発生の過程では大きく変化する．受精後，それぞれの生殖細胞由来のゲノム DNA は，発生の進行に伴い領域特異的にメチル化/脱メチル化が起こり，細胞の種類に特異的な DNA メチル化プロフィールが形成されることは記した（図 6.6 A）．したがって，原因が何であれ，発生過程の DNA メチル化プロフィールの異常は，発生の停止や

奇形胎仔の原因となり，あるいは発生率の低下の原因になり得ると考えてよい．クローン胚の正常性検定はもちろんのこと，さまざまな原因の家畜の発生や生殖の異常・正常性の評価系として，DNA メチル化プロフィールを利用できることになる．

5．DNA メチル化プロフィール形成機構

DNA メチル化に関わる 5 種類の酵素（Dnmts）自体には配列特異性がない．そのため，DNA メチル化プロフィールが形成されるメカニズムとして，さまざまな要因を考慮する必要がある．重要な点は，細胞内では DNA は裸で存在するのではなく，ヒストンを含むタンパク質と結合してヌクレオソーム構造をとっていることである．一般に DNA が高度にメチル化された領域ではクロマチン構造を凝縮に向かわせるヒストン修飾状態にあり，逆に，クロマチン構造が凝縮した領域では DNA はメチル化されている（図 6.7）．したがって，DNA メチル化とヒストン修飾およびクロマチン構造は，お互い

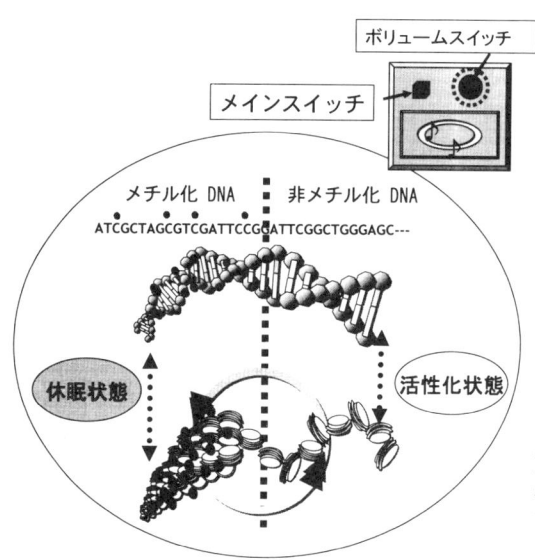

図 6.7　DNA メチル化とヒストン修飾によるエピジェネティック制御

に依存していると考えられる.ここでは,各DNAメチル基転移酵素の関与とヒストン修飾との相互作用,および,非コードRNAの関与について記す.

(1) DNAメチル基転移酵素

上記(図6.4)には,*in vitro* の酵素活性を基にしたDNAメチル化機構の概略を記した.しかし,Dnmt1はDnmt3a・3bと同程度に *de novo* 活性を有しており,さらに維持型活性が強いDnmt1と *de novo* 活性を持ったDnmt3bが共同して働くことも報告されている(Rhee et al., 2002).そこで,あらためてT-DMRのメチル化に各DNAメチル基転移酵素はどのように関与しているか疑問が生じる.*Dnmt1, Dnmt3a, Dnmt3b* 遺伝子欠損ES細胞のCpGアイランドに焦点をあてゲノムワイドなメチル化状態を解析した結果,*Dnmt3a* あるいは *Dnmt3b* の単独欠損ES細胞では,そのメチル化プロフィールは野生型ES細胞のものと完全に一致した.したがって,Dnmt1が存在し,Dnmt3aとDnmt3bのうちどちらか一方が存在すれば,ES細胞におけるDNAメチル化状態の維持には充分であることがわかる.一方で,*Dnmt3a* と *Dnmt3b* 両欠損ES細胞では多くの領域の脱メチル化が検出されており,これらの領域のメチル化維持はDnmt1のみでは不充分であることが明らかになった.特筆すべき点は,Dnmt1が標的としている領域とDnmt3a・Dnmt3bの標的領域は全く同じだったこと,また,いずれの領域においても脱メチル化の程度は *Dnmt3a・Dnmt3b* 欠損ES細胞の方が強いことである.このことは,少なくともES細胞においては,CpGアイランドを持つ遺伝子領域のメチル化維持にはDnmt1よりもむしろDnmt3a・Dnmt3bの方が強く関与していることを示している(Hattori et al., 2004 a).したがって,細胞内での振る舞いを考えると,Dnmt1が維持型酵素,Dnmt3a・Dnmt3bが *de novo* 酵素といった単純な役割分担ではないことは明らかである.

Dnmt3L の欠損マウスは正常に発生し成体となるが,雄では生殖細胞の分化に異常が生じ,精母細胞での減数分裂が阻害される.それらの生殖細胞ではインプリンティング遺伝子およびLTRなどの繰り返し配列のメチル化が乱れていることが示されている(Bourc'his et al., 2001 b ; Hata et al., 2002 ;

Bourc'his and Bestor, 2004). Dnmt3L自体は酵素活性を有さないから，他の酵素あるいは調節タンパクと共同して，生殖細胞特異的なメチル化プロフィール形成に関与していることが示唆される．しかしながら，Dnmt3Lにおいても同様に配列特異的なDNAメチル化は説明できない．逆に，DNAの脱メチル化が配列特異的に生じている可能性もあるが，脱メチル化酵素は現在までに同定されておらず，なおかつ，脱メチル化活性にも配列特異性があるとは考えにくい．

DNAメチル基転移酵素はDNAメチル化プロフィール形成に必須ではあるが，いずれの酵素も *in vitro* ではゲノムDNAの全てのCpGをメチル化してしまい，DNAの配列特異性は持たない．したがって，これらの活性や発現量だけでは組織特異的なプロフィール形成を説明できるとは思えない．

（2）DNAメチル化とヒストン修飾の相互作用

メチル化されたDNAを認識して結合するメチル化CpG結合タンパクとして，MeCP2, MBD1, MBD2, MBD3およびKaiso, などが知られている（Wade, 2001）．このうち，MeCP2はSin3aをリクルートしヒストン脱アセチル化酵素と複合体を作り，クロマチンリモデリング複合体を形成してクロマチンを凝縮させることが報告されている（Jones *et al*., 1998 ; Nan *et al*., 1998 ; Harikrishnan *et al*., 2005）．MBD1は，ヒストンH3-K9のメチル化酵素SETDB1とコファクターMCAF1と共同してクロマチンを凝縮させる（Ichimura *et al*., 2005）．ヒストン修飾活性を持ったSETDB1自体にも潜在的なメチル化CpG結合領域があり，直接的にDNAメチル化領域に誘導されることも示唆されている（Kouzarides, 2002）．さらに，DNAメチル基転移酵素Dnmt3aとヘテロクロマチンタンパクHP1が共局在することや，DNAメチル基転移酵素Dnmt1がヒストンH3-K9のメチル化酵素Suv39hと結合するという報告もある（Bachman *et al*., 2001 ; Macaluso *et al*., 2003）．このようにDNAメチル化がヒストン修飾に影響を与える分子機構の一端は明らかになっている．

（3）ヒストン修飾はDNAメチル化に影響を与える

ヒストンH3-K9のメチル化がDNAメチル化の目印となっている例がア

カバンカビで発見されている (Tamaru and Selker, 2001；Tamaru et al., 2003). また, 哺乳類においては, *Suv39h* 欠損 ES 細胞では, Dnmt3b によるDNAメチル化が阻害されることが報告されている (Lehnertz et al., 2003). ポリコームタンパク Eed の欠損マウスでは, インプリンティング遺伝子のメチル化が維持されない (Mager et al., 2003). Eed は Ezh2 と複合体を形成し, H3-K27 のメチル化に関与するので, ヒストンメチル化が DNA メチル化に影響を与えた結果と考えられる. では T-DMR の領域特異的な DNA メチル化に影響を与えるだろうか. 以下に, ヒストンメチル化酵素 G9a による領域特異的な DNA メチル化について記す.

G9a はユークロマチン領域のヒストン H3-K9・K27 のメチル化修飾を行う酵素である. この遺伝子の欠損マウスは胎生致死となることが知られる (Tachibana et al., 2001；Tachibana et al., 2002). *G9a* 欠損 ES 細胞についてゲノムワイドな DNA メチル化状態を解析したところ, 約 2,000 領域のうち 32 領域が脱メチル化を示した. つまり, 1.6％の領域の DNA メチル化が *G9a* 欠損により影響を受けたことになる. これらの *G9a* 欠損で脱メチル化される領域では, ヒストン H3-K9 および K27 の脱メチル化が生じていることも確認されている. また, *G9a* 欠損 ES 細胞に再度 *G9a* 遺伝子を導入した ES 細胞では, これらの領域は全て高度にメチル化されていた (Ikegami et al., 2006). したがって, ES 細胞におけるこれらの領域の DNA メチル化は, G9a によるヒストン H3-K9・K27 のメチル化を介して生じていることが示唆される. 逆に, 残りの約 98％の領域については影響を与えない. G9a は領域特異的なヒストンのメチル化を介して, T-DMR のメチル化に影響を与えているらしい. DNA メチル化プロフィール形成の一端はヒストン修飾酵素が担っているのである. ヒストン修飾酵素群が, 組織特異的あるいは配列特異的に限定された領域のヒストン修飾を行い, DNA メチル化を誘導し, 組織特異的メチル化プロフィールが形成されるという構図が浮かぶ. 近年, ポリコームタンパクの 1 つでヒストンメチル化活性のある Ezh2 が, DNA メチル基転移酵素を Ezh2 の認識領域へ誘導する (Vire et al., 2006) ことなどが明らかになっている. ヒストンメチル化に限らず, 他のヒ

ストン修飾もDNAメチル化に影響を与えうる．哺乳類は，さまざまなヒストン修飾酵素を持っており，各酵素が，直接的あるいは間接的な相互作用を介して，DNAメチル化情報がヒストン修飾を誘導し，逆に，ヒストン修飾がDNAメチル化に影響を与えると考えられる（図6.7）．

（4）アンチセンスRNAの関与

前述の*Sphk1*遺伝子座では，CpGアイランドからT-DMRを覆う領域に非コードのアンチセンスRNA（Khps1）が発現している．このCpGアイランドはセンスRNA（Sphk1）だけでなく，Khps1の発現制御の基点にもなっているようである．興味深いことに，Khps1を強制発現し，*Sphk1*遺伝子T-DMRのメチル化状態を調べたところ，T-DMRが脱メチル化されることが明らかになった（Imamura *et al*., 2004）．この結果は，非コードのアンチセンスRNAが，特定の領域のDNA脱メチル化を誘導することを示している．非コードのアンチセンスRNAの発現は多数の遺伝子領域で確認されているが，その機能のほとんどは明らかではない．それらのうちの幾つかはこのようにDNAの脱メチル化あるいはメチル化に関与し，組織特異的なDNAメチル化プロフィール形成に関与しているのかもしれない．実は，T-DMR（図6.5）は遺伝子上流の制御領域に限られているわけではなく，イントロンやエクソンあるいは，遺伝子の下流にも存在する．これらのT-DMRが，アンチセンスRNAの発現制御領域に当たる場合，非コードのアンチセンスRNAがDNAメチル化で制御されていることも想定できる．

6．変異原とエピ変異原：エピジェネティクス系に影響を与える要因

上記のように，DNAメチル化は単にDNAメチル基転移酵素で制御されているわけではない．DNAメチル基転移酵素に加えて，さまざまなヒストン修飾酵素，あるいは，これら酵素の基質や補酵素，さらには，これらのエピジェネティック制御因子の活性化や不活性化に関与する分子修飾，あるいは細胞内移動などが影響を受けた場合，DNAメチル化を含むエピジェネティ

ック系が影響を受け，細胞のゲノム機能は不可逆的な変化を起こす可能性がある．たとえば，細胞をDNAメチル化阻害剤である5-アザデオキシシチジンやヒストン脱アセチル化阻害剤のトリコスタチンAなどで処理することで，その形質を不可逆的に変えることが可能である．また，環境汚染物質であるヒ素や，S-アデノシル-L-メチオニンの供与体であるコリンの欠乏食は，ゲノム全体の低メチル化を促進し，発ガンの原因となることが示唆されている (Davis and Uthus, 2003；Johnら，2005)．

　DNAの突然変異以外に，エピジェネティック系の異常により細胞形質の不可逆的変化は起き得る．ゲノムの塩基配列変化を起こす物質を（突然）変異原と呼ぶのに対して，エピジェネティック変化を起こす化合物はエピ（突然）変異原（Epimutagen）と呼ばれる．環境汚染物質，食品添加物などさまざまな化合物の中には変異原ではないが，不可逆的な細胞形質の変化を誘導するエピ変異原が含まれている．DNAメチル化プロフィール解析は環境問題や食品の安全性評価などのリスク評価系としても利用できる．最近，ジメチルスルホキシド（DMSO）がエピジェネティック制御系に影響を及ぼすことが明らかになった．DMSOは幹細胞，生殖細胞や受精卵など，さまざまな細胞の凍結保存で使用されている．また，脂溶性物質の溶媒として利用され，さらには，HL60など血球系細胞の分化誘導剤として利用されてきた．そこで，ES細胞から胚様体（Embryoid body：EB）形成時にDMSOを培地に添加したところ，Dnmt3a量が増加し，さらにDNAメチル化プロフィールが変化することが明らかになったのである (Iwatani *et al*., 2006；岩谷ら，2005)．

7. 生命科学におけるエピジェネティクスの位置づけ

　ポストゲノム研究として，ゲノム情報に基づくタンパク質の構造・機能解析，糖鎖の構造・機能解析，疾患と関連したSNPs解析などの研究が数年前から行われている．エピジェネティクスは，個体の生涯を通じて安定したジェネティクス（ゲノムDNA情報）と，瞬時に変化するRNA発現情報との中間に位置する（図6.8）．

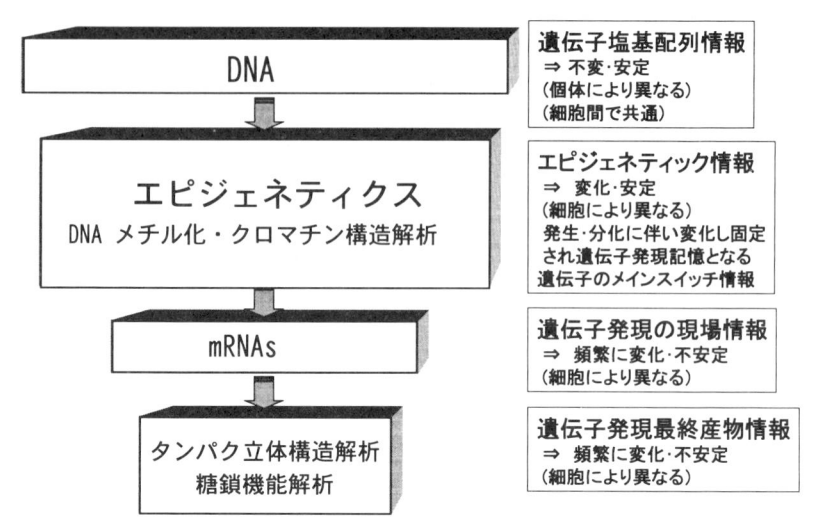

```
┌─────────────────────────────┐   遺伝子塩基配列情報
│           DNA               │   ⇒ 不変・安定
└─────────────────────────────┘   （個体により異なる）
              ⇓                   （細胞間で共通）

┌─────────────────────────────┐   エピジェネティック情報
│      エピジェネティクス       │   ⇒ 変化・安定
│ DNAメチル化・クロマチン構造解析│   （細胞により異なる）
└─────────────────────────────┘   発生・分化に伴い変化し固定
              ⇓                   され遺伝子発現記憶となる
                                  遺伝子のメインスイッチ情報

┌─────────────────────────────┐   遺伝子発現の現場情報
│          mRNAs              │   ⇒ 頻繁に変化・不安定
└─────────────────────────────┘   （細胞により異なる）
              ⇓

┌─────────────────────────────┐   遺伝子発現最終産物情報
│    タンパク立体構造解析       │   ⇒ 頻繁に変化・不安定
│      糖鎖機能解析             │   （細胞により異なる）
└─────────────────────────────┘
```

エピジェネティクス研究は、遺伝子発現のメインスイッチであるDNAメチル化やヒストン修飾などの解析であり、ゲノムレベルと mRNA・タンパク質レベルの情報をつなぐことを可能とする研究領域である．

図 6.8　エピジェネティクスの位置付け

　DNAメチル化で制御される遺伝子領域は膨大で，発生やさまざまな機能に関係する領域を含むことは記した．したがって，DNAメチル化異常は，細胞や組織の不可逆的な異常（形態・機能）の原因になると考えられる．同時に，有用な遺伝子の探索系としても，エピジェネティクス解析が有効であることも示唆している．これまでに明らかにされたDNAメチル化データベースには，未だに機能が解析されていない遺伝子領域が相当数含まれていることは興味深い．エピジェネティクスは，ポストゲノム時代の新たなパラダイムで，品種改良，家畜繁殖，再生医療用細胞，家畜の有用遺伝子の探索系，環境汚染物質リスクアセスメント，好ましい食品開発，薬物・食品添加物の安全性評価，病気の診断，創薬標的探索など，新たな基盤となることは間違いない．21世紀の生命科学産業の基盤としてエピジェネティクスは重要となるだろう．

引用文献

Bachman, K. E., Rountree, M. R. and Baylin, S. B. 2001. Dnmt3a and Dnmt3b are transcriptional repressors that exhibit unique localization properties to heterochromatin. J Biol Chem 276 : 32282-32287.

Bornman, D. M., Mathew, S., Alsruhe, J., Herman, J. G. and Gabrielson, E. 2001. Methylation of the E-cadherin gene in bladder neoplasia and in normal urothelial epithelium from elderly individuals. Am J Pathol 159 : 831-835.

Bourc'his, D. and Bestor, T. H. 2004. Meiotic catastrophe and retrotransposon reactivation in male germ cells lacking Dnmt3L. Nature 431 : 96-99.

Bourc'his, D., Le Bourhis, D., Patin, D., Niveleau, A., Comizzoli, P., Renard, J. P. and Viegas-Pequignot, E. 2001a. Delayed and incomplete reprogramming of chromosome methylation patterns in bovine cloned embryos. Curr Biol 11 : 1542-1546.

Bourc'his, D., Xu, G. L., Lin, C. S., Bollman, B. and Bestor, T. H. 2001b. Dnmt3L and the establishment of maternal genomic imprints. Science 294 : 2536-2539.

Cao, R., Wang, L., Wang, H., Xia, L., Erdjument-Bromage, H., Tempst, P., Jones, R. S. and Zhang, Y. 2002. Role of histone H3 lysine 27 methylation in Polycomb-group silencing. Science 298 : 1039-1043.

Cho, J., Kimyra, H., Mimami, T., Ohgane, J., Hattori, N., Tanaka, S. and Shiota, K. 2001. DNA mehtylation regulates placental lactogen I gene expression. Endocrinology 142 : 3389-3396.

Clayton, A. L., Hazzalin, C. A. and Mahadevan, L. C. 2006. Enhanced histone acetylation and transcription: a dynamic perspective. Mol Cell 23 : 289-296.

Cross, S. H. and Bird, A. P. 1995. CpG islands and genes. Curr Opin Genet Dev 5 : 309-314.

Davis, C. D. and Uthus, E. O. 2003. Dietary folate and selenium affect dimethylhydrazine-induced aberrant crypt formation, global DNA methylation and one-carbon metabolism in rats. J Nutr 133 : 2907-2914.

Eggan, K., Akutsu, H., Hochedlinger, K., Rideout, W., 3 rd, Yanagimachi, R. and Jaenisch, R. 2000. X- Chromosome inactivation in cloned mouse embryos. Science 290 : 1578-1581.

Futscher, B. W., Oshiro, M. M., Wozniak, R. J., Holtan, N., Hanigan, C. L., Duan, H. and Domann, F. E. 2002. Role for DNA methylation in the control of cell type specific maspin expression. Nat Genet 31 : 175-179.

Harikrishnan, K. N., Chow, M. Z., Baker, E. K., Pal, S., Bassal, S., Brasacchio, D., Wang, L., Craig, J. M., Jones, P. L., Sif, S. and El-Osta, A. 2005. Brahma links the SWI/SNF chromatin- remodeling complex with MeCP 2- dependent transcriptional silencing. Nat Genet 37 : 254-264.

Hata, K., Okano, M., Lei, H. and Li, E. 2002. Dnmt3L cooperates with the Dnmt3 family of de novo DNA methyltransferases to establish maternal imprints in mice. Development 129 : 1983-1993.

Hattori, N., Abe, T., Suzuki, M., Matsuyama, T., Yoshida, S., Li, E. and Shiota, K. 2004 a. Preference of DNA methyltransferases for CpG islands in mouse embryonic stem cells. Genome Res 14 : 1733-1740.

Hattori, N., Nishino, K., Ko, Y. G., Ohgane, J., Tanaka, S. and Shiota, K. 2004 b. Epigenetic control of mouse Oct-4 gene expression in embryonic stem cells and trophoblast stem cells. J Biol Chem 279 : 17063-17069.

服部 中・塩田邦郎 2002. DNAメチル化とエピジェネティックス, 蛋白質核酸酵素 47 : 1829-1836

Hayashi, K., Yoshida, K. and Matsui, Y. 2005. A histone H3 methyltransferase controls epigenetic events required for meiotic prophase. Nature 438 : 374-378.

Hotchikiss, R. 1948. THE QUANTITATIVE SEPARATION OF PURINES, PYRIMIDINES, AND NUCLEOSIDES BY PAPER CHROMATOGRAPHY. J Biol Chem 175 : 315-332.

Ichimura, T., Watanabe, S., Sakamoto, Y., Aoto, T., Fujita, N. and Nakao, M. 2005. Transcriptional repression and heterochromatin formation by MBD1 and MCAF/AM family proteins. J Biol Chem 280 : 13928-13935.

Ikegami, K., Iwatani, M., Suzuki, M., Tachibana, M., Shinkai, Y., Tanaka, S., Greally, J., Yagi, S., Hattori, N. and Shiota, K. 2007. Genome-wide and locus-specific DNA hypomethylation in G9a deficient mouse embryonic stem cells. Genes to Cells 12 : 1-11.

Imamura, T., Ohgane, J., Ito, S., Ogawa, T., Hattori, N., Tanaka, S. and Shiota, K. 2001. CpG island of rat sphingosine kinase-1 gene:tissue-dependent DNA methylation status and multiple alternative first exons. Genomics. 76 (1-3) : 117-125.

今村拓也・塩田邦郎 2002. DNAメチル化による発生プログラム, Molecular Medicine, 39 : 809-815.

Imamura, T., Yamamoto, S., Ohgane, J., Hattori, N., Tanaka, S. and Shiota, K. 2004. Non-coding RNA directed DNA demethylation of Sphk1 CpG island. Biochem Biophys Res Commun 322 : 593-600.

Iwatani, M., Ikegami, K., Kremenska, Y., Hattori, N., Tanaka, S., Yagi, S. and Shiota, K. 2006. Dimethyl Sulfoxide (DMSO) Increases Expression of Dnmt3as and Affects Genome-wide DNA Methylation Profiles in Mouse Embryoid Body. Stem Cells.

岩谷美沙・大鐘　潤・塩田邦郎 2005. 発生・分化とエピジェネティクス, ゲノム医学 5 : 25-30.

Jenuwein, T. and Allis, C. D. 2001. Translating the histone code. Science 293 : 1074-1080.

John Greally・前田千晶・塩田邦郎 2005. DNAのメチル化と疾患, 実験医学 23 : 2122-2127

Jones, P. L., Veenstra, G. J., Wade, P. A., Vermaak, D., Kass, S. U., Landsberger, N., Strouboulis, J. and Wolffe, A. P. 1998. Methylated DNA and MeCP2 recruit histone deacetylase to repress transcription. Nat Genet. 19 : 187-191.

Kang, Y. K., Koo, D. B., Park, J. S., Choi, Y. H., Chung, A. S., Lee, K. K. and Han, Y. M. 2001. Aberrant methylation of donor genome in cloned bovine embryos. Nat Genet 28 : 173-177.

Kang, Y. K., Park, J. S., Koo, D. B., Choi, Y. H., Kim, S. U., Lee, K. K. and Han, Y. M. 2002. Limited demethylation leaves mosaic-type methylation states in cloned bovine pre-implantation embryos. Embo J. 21 : 1092-1100.

Ko, Y. G., Nishino, K., Hattori, N., Arai, Y., Tanaka, S. and Shiota, K. 2005. Stage-by-stage change in DNA methylation status of Dnmt1 locus during mouse early development. J Biol Chem 280 : 9627-9634.

Kouzarides, T. 2002. Histone methylation in transcriptional control. Curr Opin Genet Dev 12 : 198-209.

Kremenskoy, M., Kremenska, Y., Suzuki, M., Imai, K., Takahashi, S., Hashizume, K., Yagi, S. and Shiota, K. 2006. DNA methylation profiles of donor nuclei cells and tissues of cloned bovine fetuses. J Reprod Dev 52 : 259-266.

Lehnertz, B., Ueda, Y., Derijck, A. A., Braunschweig, U., Perez-Burgos, L., Kubicek, S., Chen, T., Li, E., Jenuwein, T. and Peters, A. H. 2003. Suv39h-mediated histone H3 lysine 9 methylation directs DNA methylation to major satellite repeats at pericentric heterochromatin. Curr Biol 13 : 1192-1200.

Li, E., Bestor, T. H. and Janisch, R. 1992. Targeted mutaion of the DNA methyltransferase gene results in embryonic lethality. Cell 69 : 915-926.

Macaluso, M., Cinti, C., Russo, G., Russo, A. and Giordano, A. 2003. pRb2/p130-E2F4/5-HDAC1-SUV39H1-p300 and pRb2/p130-E2F4/5-HDAC1-SUV39H1-DNMT1 multimolecular complexes mediate the transcription of estrogen receptor-alpha in breast cancer. Oncogene 22 : 3511-3517.

Mager, J., Montgomery, N. D., de Villena, F. P. and Magnuson, T. 2003. Genome imprinting regulated by the mouse Polycomb group protein Eed. Nat Genet 33 : 502-507.

Mann, M. R., Chung, Y. G., Nolen, L. D., Verona, R. I., Latham, K. E. and Bartolomei, M. S. 2003. Disruption of imprinted gene methylation and expression in cloned preimplantation stage mouse embryos. Biol Reprod 69 : 902-914.

Nan, X., Ng, H. H., Johnson, C. A., Laherty, C. D., Turner, B. M., Eisenman, R. N. and Bird, A. 1998. Transcriptional repression by the methyl-CpG-binding protein MeCP2 involves a histone deacetylase complex. Nature. 393 : 386-389.

Newell-Price, J., King, P. and Clark, A. J. 2001. The CpG island promoter of the human proopiomelanocortin gene is methylated in nonexpressing normal tissue and tumors and represses expression. Mol Endocrinol 15 : 338-348.

Nishino, K., Hattori, N., Tanaka, S. and Shiota, K. 2004. DNA methylation-mediated control of Sry gene expression in mouse gonadal development. J Biol Chem 279 : 22306-22313.

西野光一郎・塩田邦郎 2003. DNAメチル化による発生プログラム，実験医学増刊 21 (11) : 1499-1507

Ogonuki, N., Inoue, K., Yamamoto, Y., Noguchi, Y., Tanemura, K., Suzuki, O., Nakayama, H., Doi, K., Ohtomo, Y., Satoh, M., Nishida, A. and Ogura, A. 2002. Early death of mice cloned from somatic cells. Nat Genet 30 : 253-254.

Ohgane, J., Wakayama, T., Kogo, Y., Senda, S., Hattori, N., Tanaka, S., Yanagimachi, R. and Shiota, K. 2001. DNA methylation variation in cloned mice. Genesis 30 : 45-50.

大鐘　潤・塩田邦郎 2002. DNAメチル化からみた哺乳類ゲノムの進化とクローン動物，遺伝 別冊15号 98-105

Ohgane, J., Wakayama, T., Senda, S., Yamazaki, Y., Inoue, K., Ogura, A., Marh, J., Tanaka, S., Yanagimachi, R. and Shiota, K. 2004. The Sall3 locus is an epigenetic hotspot of aberrant DNA methylation associated with placentomegaly of cloned mice. Genes Cells 9 : 253-260.

Okano, M., Bell, D. W., Haber, D. A. and Li, E. 1999. DNA methyltransferases Dnmt3a and Dnmt3b are essential for de novo methylation and mammalian development. Cell. 99 : 247-257.

Okano, M., Xie, S. and Li, E. 1998. Cloning and characterization of a family of novel mammalian DNA (cytosine-5) methyltransferases. Nat Genet 19 : 219-220.

Pao, M. M., Tsutsumi, M., Liang, G., Uzvolgyi, E., Gonzales, F. A. and Jones, P. A. 2001. The endothelin receptor B (EDNRB) promoter displays heterogeneous, site specific methylation patterns in normal and tumor cells. Hum Mol Genet 10 : 903-

910.

Rea, S., Eisenhaber, F., O'Carroll, D., Strahl, B. D., Sun, Z. W., Schmid, M., Opravil, S., Mechtler, K., Ponting, C. P., Allis, C. D. and Jenuwein, T. 2000. Regulation of chromatin structure by site-specific histone H3 methyltransferases. Nature 406 : 593-599.

Rhee, I., Bachman, K. E., Park, B. H., Jair, K. W., Yen, R. W., Schuebel, K. E., Cui, H., Feinberg, A. P., Lengauer, C., Kinzler, K. W., Baylin, S. B. and Vogelstein, B. 2002. DNMT1 and DNMT3b cooperate to silence genes in human cancer cells. Nature 416 : 552-556.

Santos, F., Zakhartchenko, V., Stojkovic, M., Peters, A., Jenuwein, T., Wolf, E., Reik, W. and Dean, W. 2003. Epigenetic marking correlates with developmental potential in cloned bovine preimplantation embryos. Curr Biol 13 : 1116-1121.

Shimozawa, N., Ono, Y., Kimoto, S., Hioki, K., Araki, Y., Shinkai, Y., Kono, T. and Ito, M. 2002. Abnormalities in cloned mice are not transmitted to the progeny. Genesis 34 : 203-207.

眞貝洋一 2005.ヒストンメチル化と細胞記憶,実験医学 23 : 2115-2121.

Shiota, K., Kogo, Y., Ohgane, J., Imamura, T., Urano, A., Nishino, K., Tanaka, S. and Hattori, N. 2002. Epigenetic marks by DNA methylation specific to stem, germ and somatic cells in mice. Genes Cells 7 : 961-969.

Shiota, K. 2004. DNA methylation profiles of CpG islands for cellular differentiation and development in mammals. Cytogenet Genome Res 105 : 325-334.

Sims, R. J., 3rd, Nishioka, K. and Reinberg, D. 2003. Histone lysine methylation : a signature for chromatin function. Trends Genet 19 : 629-639.

Suzuki, Y., Tsunoda, T., Sese, J., Taira, H., Mizushima-Sugano, J., Hata, H., Ota, T., Isogai, T., Tanaka, T., Nakamura, Y., Suyama, A., Sakaki, Y., Morishita, S., Okubo, K. and Sugano, S. 2001. Identification and characterization of the potential promoter regions of 1031 kinds of human genes. Genome Res 11 : 677-684.

Tachibana, M., Sugimoto, K., Fukushima, T. and Shinkai, Y. 2001. Set domain-containing protein, G9a, is a novel lysine-preferring mammalian histone methyltransferase with hyperactivity and specific selectivity to lysines 9 and 27 of histone H3. J Biol Chem 276 : 25309-25317.

Tachibana, M., Sugimoto, K., Nozaki, M., Ueda, J., Ohta, T., Ohki, M., Fukuda, M., Takeda, N., Niida, H., Kato, H. and Shinkai, Y. 2002. G9a histone methyltransferase plays a dominant role in euchromatic histone H3 lysine 9 methylation and is essential for early embryogenesis. Genes Dev 16 : 1779-1791.

Tachibana, M., Ueda, J., Fukuda, M., Takeda, N., Ohta, T., Iwanari, H., Sakihama, T., Kodama, T., Hamakubo, T. and Shinkai, Y. 2005. Histone methyltransferases G9a and GLP form heteromeric complexes and are both crucial for methylation of euchromatin at H3-K9. Genes Dev 19 : 815-826.

Tamaru, H. and Selker, E. U. 2001. A histone H3 methyltransferase controls DNA methylation in Neurospora crassa. Nature 414 : 277-283.

Tamaru, H., Zhang, X., McMillen, D., Singh, P. B., Nakayama, J., Grewal, S. I., Allis, C. D., Cheng, X. and Selker, E. U. 2003. Trimethylated lysine 9 of histone H3 is a mark for DNA methylation in Neurospora crassa. Nat Genet 34 : 75-79.

Tamashiro, K. L., Wakayama, T., Akutsu, H., Yamazaki, Y., Lachey, J. L., Wortman, M. D., Seeley, R. J., D'Alessio, D. A., Woods, S. C., Yanagimachi, R. and Sakai, R. R. 2002. Cloned mice have an obese phenotype not transmitted to their offspring. Nat Med 8 : 262-267.

田中　智・塩田邦郎 2005. DNAメチル化から見た哺乳類発生と細胞分化, 実験医学 23 : 2100-2106.

Tomikawa, J., Fukatsu, K., Tanaka, S. and Shiota, K. 2006. DNA methylation-dependent epigenetic regulation of dimethylarginine dimethylaminohydrolase 2 gene in trophoblast cell lineage. J Biol Chem 281 : 12163-12169.

Vire, E., Brenner, C., Deplus, R., Blanchon, L., Fraga, M., Didelot, C., Morey, L., Van Eynde, A., Bernard, D., Vanderwinden, J. M., Bollen, M., Esteller, M., Di Croce, L., de Launoit, Y. and Fuks, F. 2006. The Polycomb group protein EZH2 directly controls DNA methylation. Nature 439 : 871-874.

Wade, P. A. 2001. Methyl CpG binding proteins:coupling chromatin architecture to gene regulation. Oncogene 20 : 3166-3173.

Xue, F., Tian, X. C., Du, F., Kubota, C., Taneja, M., Dinnyes, A., Dai, Y., Levine, H., Pereira, L. V. and Yang, X. 2002. Aberrant patterns of X chromosome inactivation in bovine clones. Nat Genet 31 : 216-220.

Yoshida, M., Kijima, M., Akita, M. and Beppu, T. 1990. Potent and specific inhibition of mammalian histone deacetylase both *in vivo* and *in vitro* by trichostatin A. J Biol Chem 265 : 17174-17179.

Yoshida, M., Horinouchi, S. and Beppu, T. 1995. Trichostatin A and trapoxin : novel chemical probes for the role of histone acetylation in chromatin structure and function. Bioessays 17 : 423-430.

第7章
デザイナー・ピッグの基礎医学研究への応用

長嶋比呂志*・春山エリカ・池田有希・松成ひとみ・黒目麻由子
明治大学農学部生命科学科

1. はじめに

　ブタは食肉生産のための家畜として，長年に渡り人類に飼育されており，その家畜化の歴史は8000年以上前にまで遡ることができる．近年になって，ブタの解剖学的・生理学的なヒトへの類似性が明らかにされるに伴い，その利用は肉用家畜としての範囲を超え，基礎医学領域における大型の実験動物としての有用性が認知されるようになった．そして現在，時代はデザイナー・ピッグの生産と利用に向かおうとしている．分子生物学と発生工学の進歩は，従来の古典的な動物育種・繁殖法では成し得なかったような，革新的な動物の改変を可能にした．さまざまな基礎医学研究の要求に応えるべく，発生工学を駆使して創出されるクローン個体や遺伝子改変個体，それがデザイナー・ピッグである．

　本稿では，デザイナー・ピッグの生産に用いられる発生工学技術に焦点を当てる．同時に，基礎医学領域でどのようなデザイナー・ピッグの生産が求められているかを概観することで，今後の発生工学ひいては農学に求められる研究の方向性を示したい．

---

* 平成18年度日本農学会シンポジウム「動物・微生物における遺伝子工学研究の現状と展望」講演者

2. 異種移植の臓器ドナーとしての トランスジェニックブタの作出

　臓器移植における深刻なドナー不足に対する方策として，動物由来の代替臓器を用いる移植，いわゆる異種移植（xenotransplantation）が提唱され，その実現に向けて研究が進められている．臓器を提供する動物の選択に際しては，ヒトとの接触の歴史の長さ，ヒトとの解剖・生理学的な類似性，繁殖力の高さなどの点から，ブタが最も適切と考えられ，以来，異種移植研究はブタを対象に進められてきた．

　異種移植における最大の障害は，拒絶反応である．とくにブタ-ヒト間の移植では，超急性拒絶反応（hyperacute rejection）が起こり，移植された移植片は分単位で拒絶される．この反応では，血管内皮が最初の標的となり破壊され，ひきつづき実質臓器細胞も抗体および補体の攻撃で破壊される．このような拒絶反応の機構を踏まえて，ヒトの補体抑制因子を発現するトランスジェニックブタが作出されている．さらに，ブタの持つ異種抗原（α-ガラクトシル抗原）の除去を目的として，α-1,3-ガラクトシルトランスフェラーゼ遺伝子をノックアウトしたブタも作製された．われわれも，ヒト補体制御因子 DAF（decay accelerating factor）と N-アセチルグルコサミニルトランスフェラーゼ（GnT-III）とを同時発現し，さらにα-1,3-ガラクトシルトランスフェラーゼ遺伝子をノックアウトしたブタの作出に成功している（Takahagi et al., 2005）．

　これらのブタは，図7.1に示すように，胚の体外培養や移植，未受精卵の体外成熟さらに，体細胞核移植などの先端的な発生工学技術を駆使して作られたものである．今後は，超急性拒絶反応以外の拒絶反応，すなわち遅延型異種拒絶反応（delayed xenograft rejection）や細胞性免疫に対する抵抗性を持つような，遺伝子改変の研究が必要となる．そのためには，これらの拒絶反応の機構の解明と，その抑制のための遺伝子改変戦略に加えて，それを実現するための効果的な発生工学技術の開発が重要である．分子レベル，細胞レ

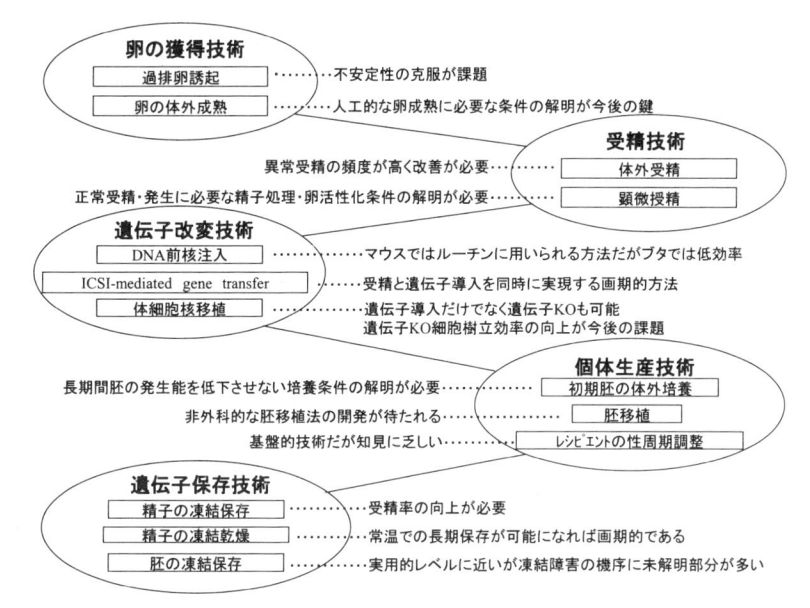

図 7.1　遺伝子改変ブタの作出に用いられる発生工学関連技術

ベルの知見を，発生工学を通していかに効率よく動物個体レベルに変換するかが今後の課題であろう．

3. 顕微受精法（ICSI-mediated gene transfer 法）によるトランスジェニックブタの生産とその意義

　遺伝子 DNA の受精卵前核への注入（前核注入法）は，トランスジェニックマウス作出の最もオーソドックスな方法である．この方法では，受精後数時間程度経過した前核期の胚を採取し，その前核内に通常 500〜1000 分子程度の DNA をマイクロインジェクションする．注入する遺伝子はトランスジーン（transgene，外来遺伝子）と呼ばれ，制御領域を含む，数 kb から 10 kb の直鎖 DNA フラグメントを用いることが多い．前核注入法は，原理としては，

他の動物種にも適用可能であり，これまでに，ラット，ウサギ，ウシ，ヤギ，ヒツジ，ブタなどの動物でも，トランスジェニック個体が生産されてきた．

しかし前核注入法は，トランスジェニックブタの作出という目的に対して，技術として非常に非効率かつ高コストである．このような課題に対して，顕微授精法を利用した画期的な方法が提唱されている．顕微授精法によるトランスジェニック個体の作出は，マウスにおいて最初の成功例が報告され（Perry *et al.*, 1999），われわれはそれをブタに応用するための研究を進めてきた（Kurome *et al.*, 2006）．

ICSI‐mediated gene transfer 法では，DNA分子の付着した精子を，未受精卵細胞質内に顕微注入することによって受精を成立させると同時に，外来遺伝子を卵に持ち込む（図7.2）．その後，卵細胞質内に持ち込まれたDNAは，卵の染色体上に組み込まれ，トランスジェニック個体が誕生する．

この方法を用いてわれわれは，トランスジェニックブタの生産を，ルーチンに行える段階に到達している．顕微授精法は，応用的価値の高い発生工学技術であると同時に，その詳細な機構については不明な点も多く，今後の研究対象としての興味は尽きない．

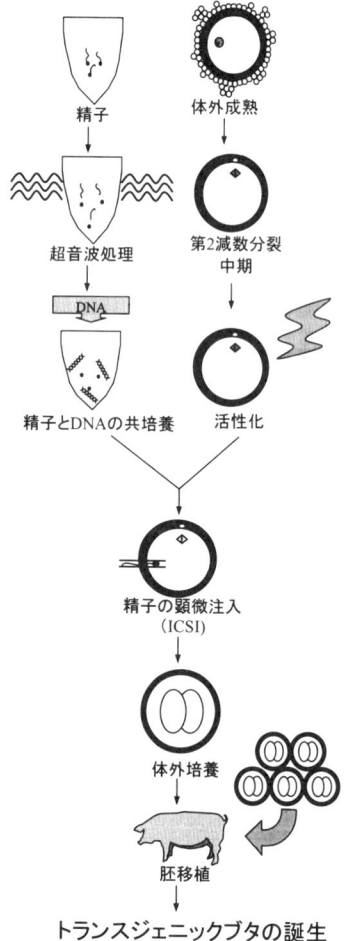

図7.2 ICSI‐mediated gene transfer 法によるブタ体外成熟卵への遺伝子導入

(1) ICSI法の概略

ICSI法によるブタ体外成熟卵への遺伝子導入の概略を，図7.2に示す．

卵の調製：

　食肉処理場で回収したブタ卵巣から未成熟卵を採取し，それらを培養して成熟（第2減数分裂中期）卵を調製する．卵の体外成熟 (in vitro maturation) は，発生能の高い卵を作製するために非常に重要なステップであるが，必要な条件については不明のことも多く，今後の重要な研究課題である．

精子への遺伝子の付着とマイクロインジェクション：

① 凍結融解したブタ精子を，約10万個（10 μl中）ずつ小試験管に分注する．

② 精子に超音波処理を加え，頭部と尾部を分離した後，導入する遺伝子のDNA (25 ng) を加えて約5分間置き，頭部にDNAを付着させる．

③ 体外成熟卵に活性化を誘起する．直流電気刺激（DC 150 V, 100 μsec）による方法が一般的であるが，卵の発生にとってより適した条件を見いだすことが重要である．

④ DNAの付着した精子の頭部を，マイクロマニピュレーターを用いて，1個ずつ活性化後の卵の細胞質内に注入する．精子注入は，卵の活性化後30分以内に行う．

⑤ 精子（頭部）を注入した卵を1～2日間体外培養した後，レシピエント雌の卵管内に移植する．

(2) 遺伝子導入効率に対する精子凍結方法の影響

　ICSI法においては，精子頭部細胞膜にある程度の損傷があることによって，精子頭部へのDNAの付着が促進される．実際は，細胞膜下にDNA分子が入り込んだ状態になっていると考えられる．われわれはこれまでに，2種類の凍結精子を用いて，ICSI法で緑色蛍光タンパク（GFP）遺伝子を導入する実験を行った．精子の凍結液として，BF5 (Pursel & Johson, 1975) およびBTS (Pursel & Johson, 1975) を用いた実験の成績を表7.1に示す．前者は凍害保護効果を有し，後者は保護効果を持たないので，後者の液で凍結され

表 7.1　ICSI-mediated gene transfer 法によるブタ体外成熟卵への遺伝子導入効率

精子凍結保存液	DNAとの共培養	培養卵数	分割胚数(%)	胚盤胞数(%)	GFP発現胚数(%)
BF 5	+	100	47 (47.0)	21 (21.0)	10/21 (47.6)
BF 5	−	72	40 (55.5)	15 (20.8)	0/15 (0)
BTS	+	152	67 (44.0)	37 (24.3)	20/37 (54.0)
BTS	−	49	26 (53.0)	14 (28.5)	0/14 (0)

Nagashima et al., 2003

た精子の細胞膜の障害程度はより重度である（この差は生死染色によって明らかに検出された）．このような精子細胞膜損傷程度の違いにもかかわらず，DNA導入効率（GFP陽性胚）は，両区間で同等であった．凍害保護効果のある保存液を用いた場合でも，凍結融解精子は先体に障害を受けやすいので，これが精子頭部へのDNAの付着を促進しているのであろう．

（3）ICSI法によるGFP遺伝子導入トランスジェニックブタの作出

ICSI法を用いて，トランスジェニックブタを実際に作出した実験の成績を表7.2にまとめた．GFP遺伝子を導入した実験では，合計466個の胚を移植した4頭のレシピエントから，35頭の胎仔が得られ，そのうち2頭がトラン

表 7.2　ICSI-mediated gene transfer 法によるトランスジェニックブタ胎仔・産仔の作出

レシピエント	移植胚数	胎仔・産仔総数	トランスジェニック胎仔・産仔数
NO. 1	113	12	1
NO. 2	112	14	0
NO. 3	87	6	0
NO. 4	154	3	1

レシピエント NO. 1〜3 は妊娠 20〜28 日で剖検，NO. 4 は分娩
Kurome et al., 2006

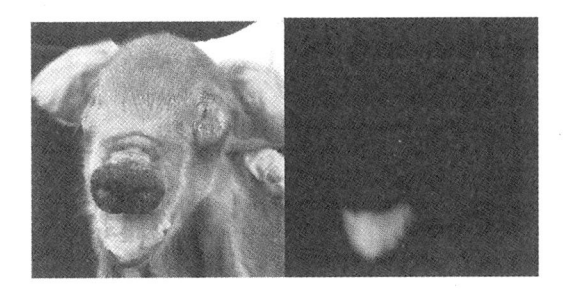

7 デザイナー・ピッグの基礎医学研究への応用 135

図7.3 ICSI-mediated gene transfer法で作出されたトランスジェニックブタ
（通常光での観察（左）とUVライト下での蛍光発現（右）．導入されたGFPを口腔粘膜に強く発現している）

スジェニック個体であった．口腔粘膜に強くGFPを発現するトランスジェニックブタの例を，図7.3に示す．

（4）トランスジェニックブタからのクローンブタの複製

ICSI法で得られたトランスジェニック胎仔あるいは産仔から初代培養細

(a)初代培養細　　(b)核ドナー細胞

(c)クローン胚盤胞　　(d)クローン胎仔

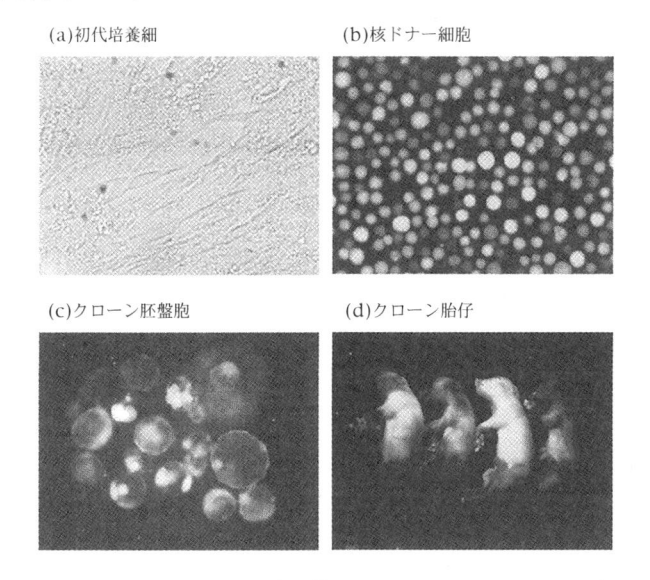

図7.4 ICSI-mediated gene transfer法で得られたトランスジェニックブタの体細胞を核ドナーとするトランスジェニッククローンブタの再生産

表 7.3 ICSI-mediated gene transfer 法によって得られたトランスジェニックブタからのクローンブタの再生産

ドナー細胞の種類	再構築胚の胚盤胞への発達（%）	移植したクローン胚数	妊娠/レシピエント	トランスジェニッククローンブタ（流産・死産）
腎臓	12/81 (14.8)[a]	352	2/2	2 (0)
肺	17/86 (19.8)[a]	415	3/3	4 (11)

[a] 有意差なし
Kurome *et al*., 2006

胞を樹立し，それを体細胞核移植に用いることで，トランスジェニック・クローンブタを複製再生産することができる．実際にわれわれは，ICSI 法で得られた GFP 遺伝子導入トランスジェニック産仔から初代培養細胞を樹立し（図 7.4-a），それらを核ドナー細胞（図 7.4-b）として用いて体細胞核移植を行った．得られたクローン胚盤胞（図 7.4-c）は，全てが緑色蛍光を発した．さらに，これらの核移植胚の移植によって，クローン胎仔（図 7.4-d）が得られた．このように，ドナー細胞を提供したトランスジェニック個体と同様に，GFP を全身性に発現するトランスジェニック・クローンの複製再生産が可能である．このような，ICSI 法と体細胞クローニングを組み合わせた方法の効率を示したのが，表 7.3 である．レシピエントの妊娠率は 100 ％であり，トランスジェニック・クローンの再生産効率は非常に高い．

4．クローンブタの作出と利用

げっ歯類実験動物には近交系が存在するので，それらの利用によって精度の高い動物実験が可能である．また，遺伝的背景の等しい近交系動物を用いることで，臓器・組織や細胞の移植に伴う拒絶反応が回避できる．これらのことから，近交系動物は，医学研究に不可欠の実験材料である．しかし，大型動物の近交系は存在せず，ブタもその例外ではない．中国・雲南農業大学において近交系ミニブタの作出が進められているが，これは雲南地方の少数

民族の閉鎖的村落で数百年に渡って飼育され，近交度が進んだブタをベースに開発されているもので，そのような特殊な起源を持たないブタからの近交系の創出は，ことごとく失敗に終わっていると言われている．

これに対して，近交系に代わるものとして，クローンブタの利用が考えられる．クローン動物の生物学的特徴は遺伝的背景の同一性にあるので，その利用には大きな潜在的価値があろう．

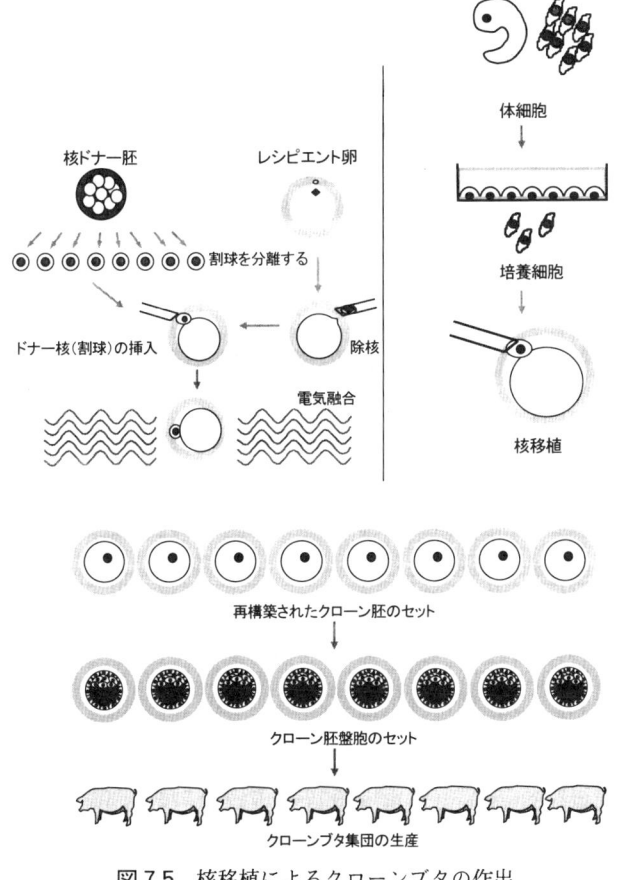

図7.5 核移植によるクローンブタの作出
上段左：受精卵核移植　上段右：体細胞核移植

クローンブタを生産する発生工学技術としては，受精卵核移植（図7.5左）と体細胞核移植（図7.5右）の2種類がある．前者は受精卵クローニングとも呼ばれ，初期胚の未分化な核を未受精卵の細胞質に移植することで，受精卵（胚）を複製する技術であると理解してよい．哺乳動物には，一卵性多胎が存在するが，これは1個の受精卵に起源を発する複数個体のセットなので，クローンの生物学的定義に合致する．こういうことから，受精卵クローニングは，一卵性多胎を人工的に誘導する技術であると捉えることも出来よう．

一方，体細胞核移植（体細胞クローニング）においては，胎仔や成体由来の分化状態にある体細胞核が，卵細胞に移植される．移植された核は初期化と呼ばれる「分化状態のリセット」を受け，それによって，作られたクローン胚は，正常発生を遂げることができると考えられている．同時に，クローン胚においては，移植された核の遺伝子のエピジェネティックな変異が起こり，そのために多様な発生異常が生じることも知られている（塩田らの章を参照）．体細胞クローニングによって，哺乳動物における細胞分化の可逆性が証明されたと同時に，分化の人為的操作によって引き起こされる現象の，遺

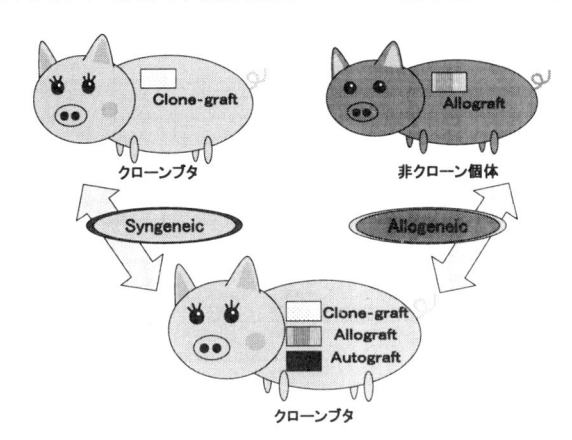

図7.6　クローンブタの利用によるsyngenicなドナー/レシピエント間の皮膚移植
　　　クローンブタを利用することによって，拒絶反応の起こらないsyngenicな個体間での組織（臓器）移植実験を行うことができる．自家移植（autograft）と非自家移植（allograft）を組み合わせることで，実験精度は一層向上する．

7 デザイナー・ピッグの基礎医学研究への応用　139

伝子レベルの解析が拡大されたことには，生物学上の大きな意義があろう．同時に，核移植によるクローニングは，大きな潜在的利用性を内包する最先端技術であり，技術開発の対象としても魅力に富んでいる．

　図7.6に示すように，クローンブタは臓器・組織移植の研究において，非常に優れた実験動物となり得る．先述の通り，遺伝的背景の等しいクローン個体を用いることで，拒絶反応の生じないドナー/レシピエントの組み合わせを実現することが出来る．　実際にわれわれは，クローンブタを用いて皮膚移

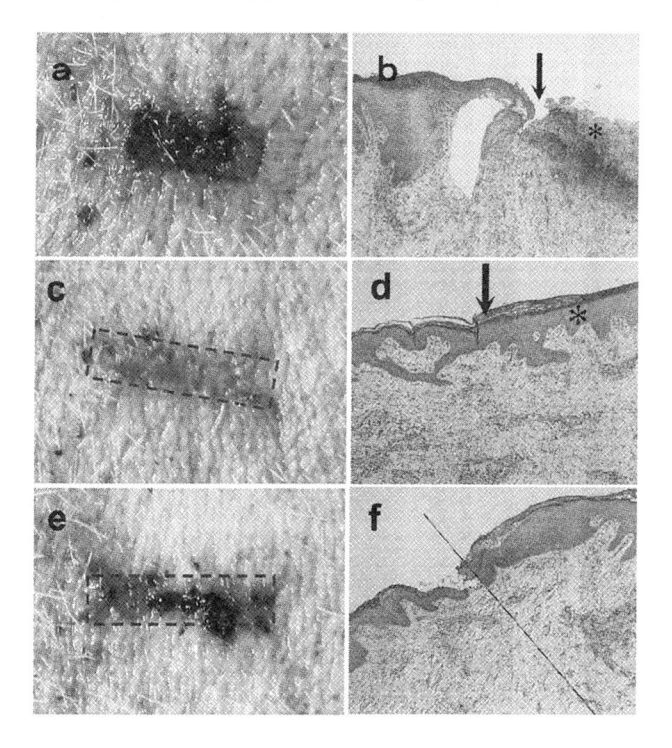

図7.7　クローンブタを利用した syngenic なドナー/レシピエント間の皮膚移植試験の結果
　　　a, b : allograft, c, d : autograft, e, f : clone‐graft
　　　図 b, d, f 中に矢印および直線で示す部位が，移植片（graft）とレシピエント組織との境界部である．　クローン個体間の移植（e, f）では，自家移植（c, d ; autograft）と同様に，移植片の生着が見られる．　一方，allograft の拒絶反応（a, b）は顕著である．

植を行い，非クローン個体間での移植と対照的に，クローン同士では移植片が生着することを確認している（図7.7）．このようなsyngenicなドナー/レシピエントは，移植再生医学研究に対して，非常に優れた実験系を提供するものと考えられる．

再生医学においては，組織（体性）幹細胞の発見と利用が研究の焦点の1つとされている．また，組織幹細胞を用いた再生治療においては，患者本人への自家移植による細胞移植治療も想定されている．このような背景下に，前臨床的価値の高い知見を得る目的で，クローンブタを用いた実験が注目される（図7.8）．とくに，GFPなどのマーカー遺伝子を持ったクローンブタは，図7.9に示すように，幹細胞の移植後の追跡を可能にする，非常に優れた動物モデルを提供する．

クローンブタの基礎医学研究への利用においては，それらの動物個体としての正常性・健常性が重要である．体細胞核移植によるクローンウシでは，

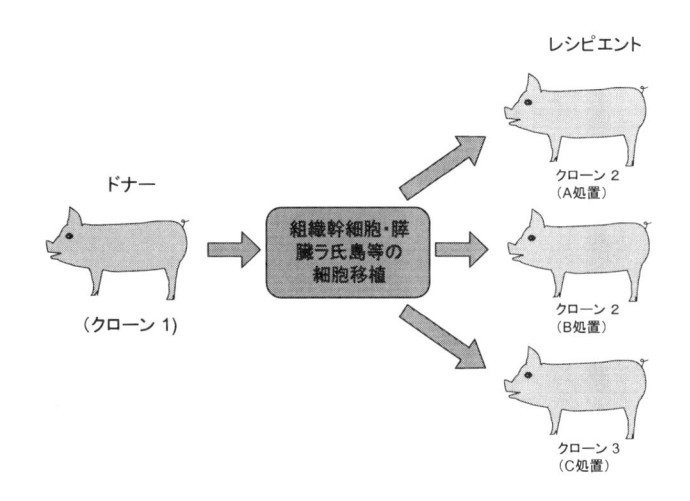

図7.8 近交系に匹敵するsyngenicなクローンブタ間の細胞移植モデル
ドナー個体から組織幹細胞や種々の組織・臓器を採取し，同一の遺伝的背景を持つクローン個体（syngenicなレシピエント）に移植することで，拒絶反応の起こらない移植試験を設定できる．さらに，複数のクローン個体を揃えることによって，各レシピエントへの処理の効果を，正確に評価することが可能となる．

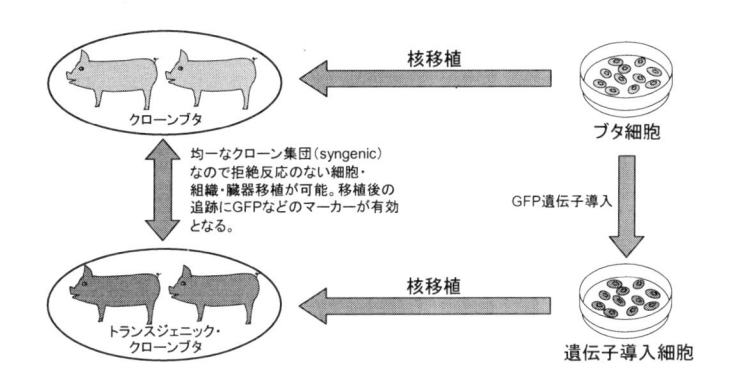

図 7.9　蛍光蛋白遺伝子（GFP）を導入したトランスジェニック・クローンブタの利用法

　さまざまな遺伝子レベルの異常（エピジェネティック変異）が高頻度で現れることが知られており，このことがクローンウシの産業利用を妨げる一因となっている．これに対し，体細胞クローンブタの異常は少ないとされているが，詳細は報告されていない．このような状況下で，クローンブタの実験動物としての利用が進展していることから，その正常性を検証することが必要である．そこでわれわれは，体細胞クローンブタの正常性を検証するために，血液性状ならびに性成熟後の繁殖能力を調べた．

　雌の体細胞クローンブタ（約18カ月齢）3頭および対照の同系同月齢肉豚3頭を実験に供した．これらのブタから非絶食・自由摂水下で静脈より採取した血液について血液学・血液生化学検査を行った．表7.4および7.5に示すように，一般血液性状，生化学検査値ともに，クローンブタと通常ブタの間には著しい差は見られなかった．

　繁殖能力の試験では，血液性状検査に用いたものと同腹のクローンブタ4頭を成熟デュロック種（雄）と交配し，妊娠の有無を調べた．妊娠した3頭について，胎仔の体重・体長を測定し，通常値と比較した結果，図7.10のように，クローンブタ胎仔の成長は，通常ブタのそれと同等であった．

表7.4 クローンブタと通常ブタとの血液性状の比較：一般性状

	単位	平均値	基準範囲	通常ブタ				クローンブタ			
				平均値 ($n=3$)	N_1	N_2	N_3	平均値 ($n=3$)	C_1	C_2	C_3
赤血球数	($10^4/\mu l$)	683	503〜864	538	550	552	512	640	635	680	606
ヘモグロビン量	(g/dl)	13.7	11.2〜16.2	12.5	11.6	11.2	14.8	13.6	13.4	13.8	12.1
ヘマトクリット値	(%)	43.2	34.7〜51.7	38.6	38.6	39.4	37.9	43.2	44.2	45.3	40.2
MCV	(fL)	64	56〜72	71.9	70.2	71.4	74	68.1	69.6	66.6	66.3
MCH	(pg)	20.2	17.2〜23.2	20.1	21.1	10.3	28.9	20.5	21.1	20.3	20
MCHC	(%)	31.7	28.9〜34.5	32.5	30.1	28.4	39.1	30.4	30.3	30.5	30.1
網状赤血球数	(‰)	8*	0〜21.8*	9.7	8.7	10.1	10.2	14.9	12.5	17.3	14.8
血小板数	($10^4/\mu l$)	24	13〜35	20.5	—	20.5	—	20.5	18.2	22	21.2
白血球数	($10^2/\mu l$)	135	88〜182	98.8	84.5	124	87.9	117.7	130.7	108.1	114.2
好塩基球	(%)	1.1	0〜5	1	2	0	1	0.3	0	0	1
好酸球	(%)	2.8	0〜7	0.67	0	0	2	0	0	0	0
桿状核好中球	(%)	0.5	0〜4	0.67	2	0	0	2.7	4	3	1
分葉核好中球	(%)	32	22〜49	46.7	45	55	40	62.7	71	56	61
リンパ球	(%)	61	41〜75	44.7	41	43	50	28.5	20	37	33
単球	(%)	2.7	0〜7	6.3	10	2	7	4.3	5	4	4
プロトロンビン時間 (PT)	(秒)	11.6*	8.7〜14.6*	10.3	10.3	10.2	10.5	9.8	9.8	10	9.7
活性化部分トロンボプラスチン時間 (APTT)	(秒)	26.7*	15.0〜41.1*	18.9	17.3	17.7	21.8	19.7	19.1	20.3	17

* 文献の値を参照

7 デザイナー・ピッグの基礎医学研究への応用　143

表7.5 クローンブタと通常ブタの血液性状の比較：生化学検査値

	単位	平均値	基準範囲	通常ブタ				クローンブタ		
				平均値 ($n=3$)	N_1	N_2	N_3	平均値 ($n=3$)	C_1	C_2	C_3

	単位	平均値	基準範囲	平均値 ($n=3$)	N_1	N_2	N_3	平均値 ($n=3$)	C_1	C_2	C_3
LDH	(IU/l)	882	544〜1220	931.2	951.8	827.1	1014.7	1182.6	1022.5	1094	1431.4
GOT	(IU/l)	29	15〜43	19.8	17.1	21.6	20.8	24.6	22.5	26.3	24.9
GPT	(IU/l)	37	23〜50	29.5	25.5	37.5	25.5	33	27.3	32.8	38.8
ALP	(IU/l)	72	40〜103	145.5	107.2	157.1	172.1	65.5	81	64.3	51.2
γ-GTP	(IU/l)	41.0	17.7〜64.2	25.87	17.76	27.78	32.07	37.57	39.61	38.68	34.38
コリンエステラーゼ	(IU/l)	187	102〜272	190.5	201	169.4	201	163.5	149.7	176.6	164.2
クレアチンキナーゼ	(IU/l)	491	177〜805	490.4	370.3	410.7	690.2	712.7	601.7	826.7	709.8
総タンパク	(g/dl)	7.77	6.34〜9.20	7.49	7.27	7.31	7.89	7.36	7.28	7.4	7.41
アルブミン	(g/dl)	4.43	3.95〜4.91	3.45	3.51	3.52	3.31	3.85	3.82	3.66	4.06
グロブリン	(g/dl)	3.35	2.18〜4.52	4.04	3.76	3.79	4.58	3.52	3.46	3.75	3.34
A/G		1.36	0.91〜1.81	0.86	0.93	0.93	0.72	1.1	1.11	0.98	1.21
総コレステロール	(mg/dl)	76	59〜94	77.8	90.7	66.3	76.5	62	61.2	66.4	58.5
中性脂肪	(mg/dl)	34	16〜64	40.5	34.4	54.7	32.4	22.6	18.1	21.7	28
リン脂質	(mg/dl)	88	54〜122	60.2	68.2	58.7	53.6	70.6	61.5	75.8	74.4
血糖	(mg/dl)	77	65〜88	97.5	89.6	117.2	85.6	106.9	127	103.7	89.9
総ビリルビン	(mg/dl)	0.24	0.17〜0.31	0.22	0.25	0.2	0.22	0.22	0.22	0.21	0.24
尿素窒素	(mg/dl)	10.3	5.8〜14.8	11.77	11.09	13.01	11.21	11.81	10.75	12.44	12.23
尿酸	(mg/dl)	0.01	0.00〜0.03	0.023	0.02	0.03	0.02	0.023	0.02	0.02	0.03
クレアチニン	(mg/dl)	1.98	1.51〜2.45	2.07	1.93	1.96	2.32	1.86	1.98	1.78	1.82
カルシウム	(mg/dl)	10.1	9.3〜10.9	10.38	10.66	10.5	9.98	10.85	10.75	10.73	11.08
無機リン	(mg/dl)	6.2	4.7〜7.7	5.91	5.9	6.11	5.71	6.43	6.87	6.7	5.73
ナトリウム	(mEq/l)	147	141〜152	141.4	142.3	141.6	140.2	142.9	142.3	144.3	142.2
カリウム	(mEq/l)	4.73	3.81〜5.65	4.08	4.02	4.11	4.12	3.52	3.27	3.41	3.88
塩素	(mEq/l)	103	96〜111	98.7	98.6	97.8	99.6	94.9	94.1	95.5	95

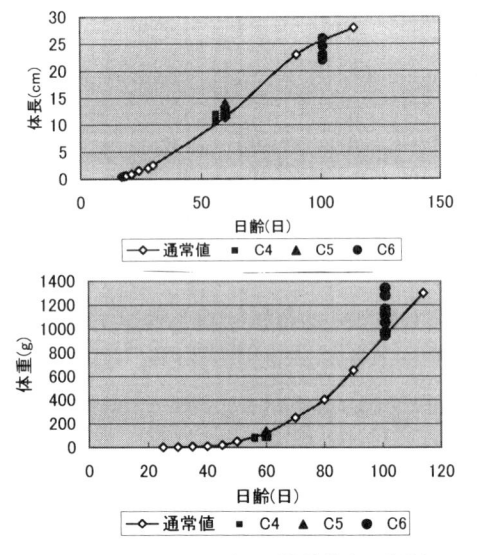

図 7.10　クローンブタの繁殖能力の評価
クローンブタ（雌）を通常ブタと交配し，得られた胎仔の体長，体重を測定した．

　以上を総合すると，クローンブタの生理・繁殖学的正常性は高く，これらを近交系に替わる実験動物として使用した場合に，信頼性のあるデータを得ることは十分可能であると考えられる．

5．ブタ胚の凍結保存

　遺伝子改変ブタの作出が本格化するに伴い，それらを貴重な動物遺伝子資源として保存し，さまざまな研究に有効利用するための方策が必要となる．遺伝子改変ブタの系統を繁殖・維持するためには，非常に大きな経費と労力を必要とするので，生殖細胞を凍結保存し，研究利用に供するシステムの構築が重要である．

　遺伝子改変ブタの遺伝子資源の保存という目的に対して，胚の凍結保存は最も有効な方策の1つであろう．ブタにおいては，すでに胚移植の技術が確立しているので，凍結保存胚のプールから，必要な個体を随時生産する，一種のジーンバンクのようなシステムを構築することは技術的には可能である．そこで今後の課題として重要なことは，より効果的な胚凍結保存法の確

立である.

　ブタ胚は非常に低温感受性が高く，そのため，凍結保存は長年に渡り困難であった．多くの実験動物や家畜において，胚の凍結保存の成功が報告された後，ブタ胚の凍結保存の成功までには，さらに数年の年月を要した．

　ブタ初期胚の低温感受性の高さは，ブタに特徴的な胚細胞膜脂質組成と胚細胞内の大量の中性脂肪顆粒の存在によるものであると考えられている．このようなブタ初期胚の生物学的特徴の克服が，胚の凍結保存へのチャレンジの過程であると言えよう．

　ブタ分割初期胚は，15度C以下の温度への感作によって致命的なダメージを受ける．これは，たとえばマウス胚を，氷温に暴露してもダメージを受けないことと対照的である．これに対して，ブタ胚の低温耐性が，胚盤胞期，特に透明帯脱出期前後に向上することを見いだしたわれわれの発見（Nagashima et al., 1988, 1989, 1992）が，ブタ胚の凍結保存成功への道を開いた．実際，主に後期胚盤胞を選択的に凍結保存することで，凍結胚から正常産仔を作出できることが，複数の研究グループによって証明された．

　以上のアプローチは，耐凍性の高い胚を選択的に用いるという発想に基づくものである．これに対し，胚の凍結保存法としての効果を飛躍的に向上させたのがガラス化法（vitrification）であろう．vitrification法の応用により，従来法では凍結保存が非常に困難であった，桑実期胚や初期胚盤胞の凍結保存も可能になった（Nagashima et al, 2003）．

　一方，ブタ胚自体の耐凍性を向上させることによって，凍結保存後のブタ胚の生存性を高めることも可能である．われわれは，ブタ胚の細胞質内脂肪顆粒を除去することによって，胚の耐凍性を著しく向上させ得ることを見いだし，これを「delipation法」と名付けた（Nagashima et al, 1995）．

　以上の成果を土台として，最近では，凍結保存胚からのデザイナー・ピッグの生産を視野に入れることができるようになった．クローン胚やトランスジェニック胚などの生産には，図7.1に示すように，体外成熟卵を用いるのが一般的である．体外成熟卵由来の胚は，体内で成熟・受精・発生した胚に比べて，耐凍性が低いことが知られているが，われわれは，delipationとガラ

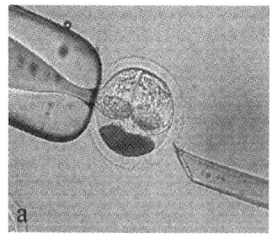

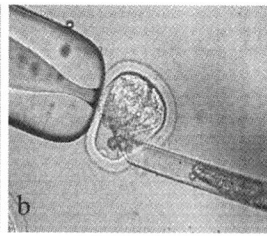

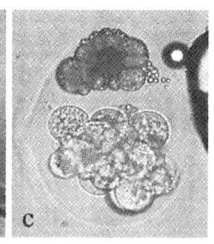

図 7.11　ブタ体外成熟・体外受精胚からの細胞質脂肪顆粒の除去（delipation 処理）
体外成熟・体外受精胚（4-8 細胞期）を遠心処理することによって，細胞質脂肪顆粒を割球から分離することができる（a）．その後，マイクロマニピュレーションによって，脂肪顆粒を除去する（b）ことによって，胚の耐凍性が飛躍的に向上し，凍結保存が可能となる．
細胞質脂肪顆粒除去をより簡便に行う方法として考案されたのが，（c）に示す，トリプシン処理後の遠心処理である．トリプシン処理で透明帯を膨化させた体外成熟・体外受精胚（桑実期）を遠心処理することによって，割球と脂肪顆粒の分離を確実に行うことができる．

ス化保存を組み合わせることによってこの問題を克服し（図 7.11 a, b），凍結保存後のブタ体外成熟/受精胚から正常産仔を得ることに，世界で初めて成功した（Nagashima et al., 2007）．現在は，さらに簡便に delipation を行う方法として，非侵襲的方法（図 7.11 c）の開発に取り組んでいる．

6．おわりに

以上述べた通り，デザイナーピッグの創出と利用は，決して未来の研究課題ではない．多くのデザイナーピッグがすでに作出され，その基礎医学領域への利用によって，画期的な研究成果がもたらされている．それと同時に，新たな研究課題がわれわれの前に次々と出現しているのも事実であり，それらへのチャレンジは，今後の農学の重要な使命であろう．

引用文献

Kurome M, Ueda H, Tomii R, Naruse K, Nagashima H. Production of transgenic-clone pigs by the combination of ICSI-mediated gene transfer with somatic cell nuclear transfer. Transgenic Research 2006 ; 15 : 229-240.

Nagashima H, Kato Y, Yamakawa H, Ogawa S. Survival of pig hatched blastocysts exposed below 15 ℃. Jpn. J. Anim. Reprod. 1988 ; 34 : 123-131.

Nagashima H, Kato Y, Yamakawa H, Matsumoto T, Ogawa S. Changes in freezing tolerance of pig blastocysts in peri-hatching stage. Japanese Journal of Animal Reproduction 1989 ; 35 : 130-134.

Nagashima H, Yamakawa H, Niemann H. Freezability of porcine blastocysts at different peri-hatching stages. Theriogenology 1992 ; 37 : 839-850.

Nagashima H, Kashiwazaki N, Ashman R, Grupen CG, Nottle MB. Cryopreservation of porcine embryos. Nature 1995 ; 374 : 416.

Nagashima H, Fujimura T, Takahagi Y, Kurome M, Wako N, Ochiai T, Esaki R, Kano K, Saito S, Okabe M, Murakami H. Development of efficient strategies for the production of genetically modified pigs. Theriogenology 2003 ; 59 : 95-106.

Nagashima H, Hiruma K, Saito H, Tomii R, Ueno S, Nakayama N, Matsunari H, Kurome M. Production of live piglets following cryopreservation of embryos derived from in vitro-matured oocytes, Biology of Reproduction 2007, 10, 1095/biolreprod. 106. 052779.

Perry ACF, Wakayama T, Kishikawa H, Kasai T, Okabe M, Toyoda Y, Yanagimachi R. Mammalian transgenesis by intracytoplasmic sperm injection. Science 1999 ; 284 : 1180-1183.

Pursel VG, Johnson LA. Freezing of boar spermatozoa : Freezing capacity with concentrated semen and a new thawing procedure. Journal of Animal Science 1975 ; 40 : 99-102.

Takahagi Y, Fujimura T, Miyagawa S, Nagashima H, Shigehisa T, Shirakura R, Murakami H. Production of a1, 3-galactosyltransferase gene knockout pigs expressing both human decay-accelerating factor and N-acetylglucosaminyltransferase III. Molecular Reproduction and Development 2005 ; 71 : 331-338.

シンポジウムの概要

山﨑　耕宇
日本農学会副会長

　前回のシンポジウムが農作物を対象にしたのに対して，本シンポジウムでは微生物および動物を対象とした遺伝子工学の現状とその将来展望を取り上げるとともに，それらが提起する社会的問題についての対応が論議された．微生物関係3名，動物関係4名に社会科学系1名を加えて，合計8名の専門家がそれぞれの研究を中心に遺伝子工学研究の最先端を報告し，これをもとにシンポジウムは進められた．以下ではまず個々の報告の概要を記すことにする．

1．堀之内末治氏（東京大学大学院農学生命科学研究科）らは高等植物特有の2次代謝産物で微量にしか存在しない各種フラボノイドを，大腸菌を用いたコンビナトリアル生合成（遺伝子工学的手法により生合成酵素を組み合わせ，新たな生合成経路を人為的に構築することで「非天然型」の化合物を微生物に生産させる手法）により，大量かつ効率的に生産する手法を開発している．各種の生合成酵素を組み合わせて多岐にわたる人工生合成遺伝子クラスターを構築することによって，天然型，非天然型のフラボノイドを網羅的に生産する道が開かれた．この成果は複雑な化合物の発酵生産についてのモデルケースを提示したといってよい．フラボノイドはヒトに対する多様な生理活性をもつとされており，この成果はガン，更年期障害，心血管疾患等の予防薬の製造に大きく貢献することが期待されている．

2. 福田雅夫氏（長岡技術科学大学工学部）は近年激化している各種の環境汚染（石油漏出による海洋汚染，地下水汚染，重金属・農薬などによる土壌汚染，ダイオキシン汚染など）に対して，汚染物質を微生物分解によって除去するバイオレメディエーションに取り組んでいる．この手法には汚染現場に存在する微生物を活性化して利用する方式と，外部から能力の高い浄化微生物を導入する方式とがある．いずれの方式においても，特定の汚染物質の分解に有効な各種の微生物が同定され活用されているが，近年，遺伝子工学的に高い分解能力をもつ遺伝子を組み入れた微生物を開発して利用する試みが進んでいる．微生物利用の環境浄化は時間がかかるが安価で，根本的な問題解決をもたらす利点があるが，組換え微生物の現場使用にはなお多くの問題があり，これを解決する努力が重ねられている．

3. 五十君靜信氏（国立医薬品食品衛生研究所）は微生物における遺伝子組換えについて，その基盤技術はほぼ確立し，乳酸菌を始めとしてゲノム解析が進むにつれて，組換え体をデザインすることはそれほど難しいことではなくなっているとしている．そのような背景のもと，たとえば組換え乳酸菌に期待される役割として，ヒトに対する保健機能をもつプロバイオティクス（消化管内の細菌叢を改善し，宿主に有益な作用をもたらす有用微生物およびそれらの増殖促進物質）の製造や，経口ワクチンの抗原や癌治療物質の運搬体として治療薬的機能をもつ物質製造など，多面的な領域に及ぶ可能性が展望されている．ただし遺伝子組換え微生物の安全性については十分考慮すべきであり，慎重な検証を経た上で社会の認知を得ることが今後の課題となっている．

4. 田村俊樹氏（農業生物資源研究所遺伝子組換えカイコ研究センター）はトランスポゾンを利用することにより，世界に先駆けてカイコの形質転換系の作出に成功している．伝統的な養蚕業発展の実績を背景に，わが国にはカイコの飼育技術はもとより，遺伝資源や遺伝情報についての膨大な研究の蓄積がある．これら遺伝資源・情報を利用して目的遺伝子を目的とする組織で発

現させることのできる形質転換系を作り出すことが可能になってきた．絹糸腺はセリシンや絹タンパクを合成する器官であり，これに遺伝的改変を加えることにより各種タンパク質を大量に分泌させる可能性が示されている．これら形質転換系は絹糸のさらなる品質改良のほか，ヒト型のコラーゲンを始め各種の抗体や酵素タンパク質などの医薬品製造にも展望を与え，わが国特有の昆虫産業が成立しつつあるといえる．

5. 吉崎悟朗氏（東京海洋大学海洋科学部）は魚類の生殖過程の人為的制御に遺伝子工学の手法を適用している．まずニジマスを用い，分化前の始原生殖細胞を特異的に標識するために，緑色蛍光タンパク質（GFP）遺伝子を導入することに成功している．ついで標識された始原生殖細胞を単離収集する手法を確立し，これを免疫系の未発達な仔魚に移植して正常な機能をもった生殖細胞に分化させることに成功している．この手法は異種間にも適用しうることが示され，巨体のため莫大なコストのかかるクロマグロの種苗生産に，飼養の容易なマサバの腹を利用する試みも現在進行している．この手法はまた始原生殖細胞から分化した精原細胞にも適用可能で，雌の体内に移植された精原細胞が卵に分化するという，性的可塑性の興味深い現象も観察されている．

6. 塩田邦郎氏（東京大学大学院農学生命科学研究科）は遺伝子工学の新たな領域とも言うべきエピジェネティックスについて，自らの家畜にかかわる研究成果を交えて概説している．生物の発生過程はDNA上の遺伝子の発現がオンになるかオフになるかの連鎖によって制御されている．このオン・オフは分子的にはDNAシトシンの脱メチル化・メチル化とヒストン修飾によって進行し，その履歴は細胞の種類に固有のDNAメチル化プロフィールとして継承される．DNAの塩基配列の変化なしに進行するこの遺伝子機能の移り変わりを取り扱うのがエピジェネティックスである．エピジェネティックスは遺伝子発現の機作を解明する手がかりを与え，動物ゲノムが本来もつ機能をうまく引き出すことに役立つのみならず，クローン動物作成や環境汚染

に際して現れる異常発生や奇形の評価系としても有効である.

7. 長嶋比呂志氏（明治大学農学部）は発生工学的手法を駆使して，ブタの形質転換系を創出している．ブタは解剖学的および生理学的にヒトと類似しているため，目的に応じた遺伝性を備えたブタすなわちデザイナー・ピッグが作出されれば，医療上ならびに基礎医学研究に貢献するところ多大である．報告者らは従来の前核注入法に代えて顕微授精法（目的とする DNA 分子の付着した精子を未受精卵に注入する方法）を用い，効率的に形質転換ブタを得ることに成功している．ヒトの臓器移植用に開発した形質転換ブタはその1例で，異種間移植で起こる拒絶反応を，異種抗原や補体の生成を抑制することによって制御することを可能にしている．同じく発生工学的手法により，遺伝的背景を等しくするクローンブタの作出にも成功し，基礎医学ならびに動物発生学の研究に貢献している.

8. 加藤和人氏（京都大学人文科学研究所/大学院生命科学研究科）は近年目覚しく発展している生命科学や遺伝子工学の成果を，社会的な受容という視点から見た場合の留意すべき点について論じている．この場合，取り組むべき重要な点は法律やガイドラインなどの社会規範を整備することであるとする．遺伝子組換え生物の取り扱いについては，近年カルタヘナ議定書の締結により所定の基準が設けられるようになった．しかし個々の現場において，その適用や関係者の相互理解にはいまだ問題が少なくない．研究者，政府関係者，一般市民など関係する人々が，お互いの立場を超えて，広い視野にたって意見や情報を交換できる状況を作り出すことが重要である．たとえばゲノム研究者と一般市民との少人数同士の対話集会「ゲノムひろば」は，このような問題解決に向けての1つの試みといえよう.

　以上，微生物や動物における遺伝子工学の現状について，最先端の目覚しい研究成果が報告されるとともに，その豊かな可能性についての展望が語られた．限られた時間内の討論の場においては，個々の実験技術やその将来性

についての質疑もあったが，多くの関心は遺伝子組換え体についてのリスクの問題に集中した．閉鎖系で完結する微生物による有機物合成や，遺伝子の逸出・拡散のおそれの低いカイコや家畜の場合にはリスクが大きな問題になることはないが，微生物発酵による食品製造やゴミや汚染物質の微生物分解の場面などでは，組換え微生物が外界に拡散するおそれや混在する他の微生物に及ぼす予測しがたい影響などの問題があり，なお慎重に検討を要するとの考えが述べられた．

　従来わが国の組換え微生物の応用研究は，安全性についての漠然とした不安から，とくに企業ではタブー視されることが少なくなかった．このためたとえばわが国の組換え乳酸菌の実用研究は，欧米のそれに比べて10年以上の遅れをとっているという．さいわい近年は各種のガイドラインが明確になり，また食品については実質的同等性（組換えによって変化した成分についてのみ評価する）の考え方がCODEXで採用され，リスク評価が実施しやすく，研究の発展が期待される状況が生まれてきているという．もとより安全性については十分の配慮が必要であるが，それとともに，最後の報告者が述べているように，これら研究成果が十分に社会的に認知されるように研究者自身が努力しなければならない，ということが参会者の一致した了解事項となった．

著者プロフィール

敬称略・あいうえお順

【五十君　靜信（いぎみ　しずのぶ）】
　東京大学大学院農学系研究科博士課程修了，現在国立医薬品食品衛生研究所室長．専門分野は細菌学．

【池田　有希（いけだ　ゆき）】
　現在明治大学農学部生命科学科在学中．専門分野は発生工学．

【池上　浩太（いけがみ　こうた）】
　現在東京大学大学院農学生命科学研究科博士課程在学中．専門分野はエピジェネティクス．

【大鐘　潤（おおがね　じゅん）】
　東京大学大学院農学生命科学研究科博士課程修了，現在同研究科助手．専門分野はエピジェネティクス．

【奥津　智之（おくつ　ともゆき）】
　東京海洋大学大学院海洋科学技術研究科博士課程修了，現在東京海洋大学海洋学部特別研究員．専門分野は魚類発生工学．

【勝山　陽平（かつやま　ようへい）】
　現在東京大学大学院農学生命科学研究科博士課程在学中．専門分野はバイオエンジニアリング．

【黒目　麻由子（くろめ　まゆこ）】
　　現在明治大学農学部生命科学科在学中．専門分野は発生工学．

【佐藤　俊（さとう　しゅん）】
　　東北大学大学院農学科学研究科博士課程修了，現在東京大学大学院農学生命科学研究科研究員．専門分野はエピジェネティクス．

【塩田　邦郎（しおた　くにお）】
　　東京大学大学院農学系研究科博士課程修了，現在東京大学大学院農学生命科学研究科教授．専門分野は生化学．

【鈴木　昭憲（すずき　あきのり）】
　　東京大学農学部農芸化学科卒業，現在東京大学名誉教授・秋田県立大学名誉教授，元東京大学副学長・元東京大学農学部長．専門分野は農芸化学，生物有機化学．2005年度文化功労者．

【竹内　裕（たけうち　ゆたか）】
　　東京水産大学大学院水産学研究科博士課程修了，現在東京海洋大学先端科学技術研究センター助手．専門分野は魚類発生工学．

【田村　俊樹（たむら　としき）】
　　京都工芸繊維大学繊維学部卒業，現在独立行政法人農業生物資源研究所遺伝子組換えカイコ研究センター長．専門分野は昆虫遺伝学，昆虫分子生物学．

【長嶋　比呂志（ながしま　ひろし）】
　　東京大学大学院農学系研究科博士課程修了，現在明治大学農学部生命科学科教授．専門分野は発生工学および生殖生物学．

【服部　奈緒子（はっとり　なおこ）】
　　東京大学大学院農学生命科学研究科博士課程修了，現在同研究科特任助手．専門分野はエピジェネティクス．

【春山　エリカ（はるやま　えりか）】
　　現在明治大学農学部生命科学科在学中．専門分野は発生工学．

【福田　雅夫（ふくだ　まさお）】
　　東京大学大学院農学系研究科博士課程中退，現在長岡技術科学大学生物系教授．専門分野は環境微生物学，分子生物学．

【鮒　信学（ふな　のぶたか）】
　　東京大学大学院農学生命科学研究科博士課程修了，現在同研究科助手．専門分野は天然物化学，微生物学．

【堀之内　末治（ほりのうち　すえはる）】
　　東京大学大学院農学系研究科博士課程修了，現在同大学院農学生命科学研究科教授．専門分野は醗酵学，応用微生物学．

【松成　ひとみ（まつなり　ひとみ）】
　　現在明治大学農学部生命科学科在学中．専門分野は発生工学．

【山﨑　耕宇（やまざき　こうう）】
　　東京大学大学院生物系研究科博士課程修了．東京大学教授，東京農業大学教授を経て東京大学名誉教授．専門分野は作物栽培学．

【吉崎　悟朗（よしざき　ごろう）】
　　東京水産大学大学院水産学研究科博士後期課程修了，現在東京海洋大学海洋科学部助教授．専門分野は魚類の発生工学，繁殖生理学．

R	〈学術著作権協会委託〉		
2007		2007年4月3日　第1版発行	

シリーズ21世紀の農学
動物・微生物の
遺伝子工学研究

著者との申
し合せによ
り検印省略

©著作権所有

定価 2000円
（本体 1905円）
　税 5%）

編著者	日 本 農 学 会		
発 行 者	株式会社　養 賢 堂		
	代 表 者　及 川　　清		
印 刷 者	星野精版印刷株式会社		
	責 任 者　星 野 恭 一 郎		

発行所　〒113-0033 東京都文京区本郷5丁目30番15号
　　　　株式会社　養賢堂
　　　　TEL 東京(03) 3814-0911　振替00120
　　　　FAX 東京(03) 3812-2615　7-25700
　　　　URL http://www.yokendo.com/
　　　　ISBN978-4-8425-0421-6　C3061

PRINTED IN JAPAN　　　　　製本所　株式会社三水舎

本書の無断複写は、著作権法上での例外を除き、禁じられています。
本書からの複写許諾は、学術著作権協会（〒107-0052 東京都港区赤坂9-6-41乃木坂ビル、電話03-3475-5618・FAX03-3475-5619）から得てください。